藤蔓植物与景观

ORNAMENTAL CLIMBING PLANTS AND LANDSCAPE

张金政　林秦文　主编

中国林业出版社

文字部分作者 张金政 林秦文 孙国峰 李晓东 邢 全 王 巍

摄影 张金政 林秦文 孙国峰 李 东 徐晔春 沐先运 刘 冰 陈世品 赵良成 汪 远 刘华杰 赖阳均 陈 彬 肖 翠 李策宏 石 雷 孙英宝 刘 军 叶建飞 陈炳华 张志翔 杨成梓 李进宇 方 腾 王英伟 蔡 明 王军峰 谭运洪 于晓南 刘立安 张彦妮 张金龙 朱仁斌 周喜乐 徐永福 陈 岩 李晓东 张 鑫 高贤明

图书在版编目（CIP）数据

藤蔓植物与景观 / 张金政，林秦文 主编. — 北京：中国林业出版社，2015.1
（植物与景观丛书）
ISBN 978-7-5038-7654-7

Ⅰ. ①藤… Ⅱ. ①张… ②林… Ⅲ. ①攀缘植物—观赏园艺②攀缘植物—景观设计 Ⅳ. ①S687.3②TU986.2

中国版本图书馆CIP数据核字(2014)第218299号

出版发行 中国林业出版社(100009
北京市西城区德内大街刘海胡同7号)
电　　话 (010)83227584
制　　版 北京美光设计制版有限公司
印　　刷 北京卡乐富印刷有限公司
版　　次 2015年1月第1版
印　　次 2015年1月第1次
开　　本 889mm × 1194mm　1 / 20
印　　张 14.5
字　　数 500千字
定　　价 92.00元

前言 Preface

近年来，随着我国经济的迅速发展及城市化进程的加快，全国各地的城市绿化备受关注，藤蔓植物以其独特的优势被大量栽培应用。全球的藤本植物2000余种，我国藤本植物资源极其丰富，有1000余种，但常用的观赏藤本植物不足百种，尚有大量优良观赏藤本植物种质资源未被开发应用或沉睡在山野之中。在本书编写过程中，我们深感这类植物应该在环境适宜地区被迅速人工繁殖，大量推广应用，这必将对城市的绿化美化、景观多样性提升、物种多样性保护与利用起到积极作用。这就是我们在此书编写的各类型藤蔓植物中，增加介绍一部分尚未应用、但有应用价值的新种类的用意。

本书共包含7章，前3章分别对藤蔓植物概况、栽培与繁殖技术、藤蔓植物的应用等基础知识进行扼要介绍；后4章主要根据藤蔓植物的攀缘生长习性和应用方式，将具有观赏及应用价值的国内外藤蔓植物分为缠绕（茎缠绕）、卷须（茎卷须、枝条卷须、叶卷须、叶柄缠绕、托叶卷须、卷须状叶柄）、吸附（卷须吸附、细根吸附）和蔓生（钩、刺及无特殊攀缘器官）4类藤蔓植物分别撰写，并重点介绍了每个代表种藤蔓植物的形态特征、习性、栽培、繁育、修剪及应用等关键技术。每章中的植物原则上按照中文名称的拼音顺序排列。书后附有中文名称索引和拉丁学名索引，便于查找。

本书在编写过程中得到了中国科学院植物研究所植物园和北方资源植物实验室同事们及相关单位朋友们的无私帮助和支持，深表感谢！在即将出版之际，审视全书的内容，因作者能力所限，书中的缺陷、错误与不妥之处在所难免。衷心欢迎广大读者批评指正！

张金政

2014年8月

目录 Contents

第五章　卷须类藤蔓植物

第一章 藤蔓植物概述

一、藤蔓植物的概念及其分类

藤蔓植物又称攀缘植物，是一类不能自由直立、需要借助于其他植物或支撑物支持，通过主茎缠绕或攀缘器官攀缘升高的植物总称，它们的生长型是十分特殊的植物类群，包括木质藤本和草质藤本两类。

对藤本植物生长型的研究由来已久，达尔文是最早对藤本植物进行较系统观测和分类的植物学家，早在19世纪60年代初出版的《攀缘植物的运动和习性》一书中，他根据藤本植物的攀缘器官和攀缘方式不同把藤本植物划分为四类。第一类，缠绕类即是那些围绕一个支撑物作螺旋状缠绕的植物，它们不借助于任何其他运动，如牵牛。第二类，卷须类即是那些具有敏感器官的植物，当它们和任何物体接触时便将其缠绕；这样的器官由变态的叶、枝条或花梗构成，如藤本类型的铁线莲属植物依靠特化的叶柄缠绕支撑物攀缘；葡萄属植物利用特化的卷须缠绕支撑物攀缘。第三类，搭靠类即是那些仅依靠钩、刺等附属器官的搭靠攀缘的植物，如藤本类蔷薇属植物依靠钩刺的搭靠进行的攀缘运动。第四类，吸附类即是那些依靠细根附着攀缘上升的种类，如扶芳藤、凌霄等依靠茎上形成的细根附着支撑物进行的攀缘。后来Putz则将生态学和形态学特征结合起来，将藤本植物分为木质藤本、草质类、木质的附生类（包括绞杀植物）、草质附生类和半附生植物，这一分类将附生植物也归于藤本类群，明显扩大了藤本植物的范畴。

藤蔓通常是界限分明的生长型，但并不是完全如此，不同生境，不同发育期，不同生活需要，都会导致习性和生长型的变化。黄槿（*Hibiscus tiliaceus*）原为海滨乔木，在溪边密林中为大藤本。球兰生长初期是缠绕的，攀缘上升后便节节生根，当主茎成熟进入生殖期，则为附生藤本而悬挂于树桠上。总之，藤本常兼有两个或几个生长型的特征，无非是借助多种方法使自己附着于支持物，而夺取良好的光照和生活必须条件。

本书根据藤蔓植物的攀缘生长习性和应用方式，将藤蔓植物分为缠绕（茎缠绕）、卷须（茎卷须、枝条卷须、叶卷须、叶柄缠绕、托叶卷须、卷须状叶柄）、吸附（卷须吸附、细根吸附）和蔓生（钩、刺及无特殊攀缘器官）四大类型。

二、藤蔓植物常见的攀缘方式及特殊结构

在长期的自然选择过程中，攀缘植物为了能够延续

茎缠绕攀缘

洋常春藤气生根

龟背竹气生根

珊瑚藤花序梗顶端进化成卷须

铁线莲叶柄缠绕攀缘

合果芋气生根攀缘

猪笼草叶卷须攀缘

丝瓜茎卷须攀缘

物种种群，适应环境的变化发展，需要获得充足的营养生长发展空间，如阳光、水分、空气、土壤等因素；而在自然环境因素的强大选择压力作用下，又促使物种不断进化。经过攀缘植物与自然环境长期的相互影响、相互作用，形成了各种各样的攀缘方式，说来十分有趣。常见的攀缘方式有以下几种：

1. 茎缠绕攀缘

有些攀缘植物，茎幼时较柔软，不能直立，以茎较幼嫩部位本身的旋转运动缠绕到其他支柱上升。大多数缠绕植物，如果健壮，总有两个节间在同时旋转，等到下面的节间停止旋转时，它上面的节间就全速运动，而其顶端节间则刚刚开始运动。不同的攀缘植物运动和缠绕的方向是不尽相同的，海金沙、石韦藤、茑萝、牵牛、文竹、马兜铃、莱豆、扁豆等植物的茎是左旋的,即按逆时针方向缠绕。忍冬、浆果薯芋、山芋、紫藤、葛、啤酒花等植物的茎是右旋的，即按顺时针方向缠绕。在缠绕植物类中，逆时针方向旋转缠绕的植物较顺时针缠绕的植物数量多。此外，有些植物的茎既可左旋，也可右旋，可谓“左右开弓”，如何首乌的茎。

2. 叶柄缠绕攀缘

有些植物借助于自发旋转和敏感的叶柄而进行攀缘运动，有很多证据表明，叶柄的缠绕运动是由于被叶柄周围的微弱压力刺激所引起的。如铁线莲属、旱金莲属、扭柄藤属等植物都是用叶柄缠绕攀缘的典型范例。当一个叶柄已经缠住一个小枝或支撑物时，它会发生一些显著的变化。缠绕的叶柄在两三天内增粗很多，最后变粗到几乎是那些没有缠绕的对生叶柄的两倍。并且整个组织变得坚硬，缠绕的叶柄获得非常大的硬度和强度，以至于需要相当大的力量才能把它拉断。

3. 茎卷须攀缘

一些植物为适应攀缘，其卷须是由变态的茎(枝)或花梗变成。有些植物茎卷须生在叶腋里，它们是由变态的小枝变化发育而成，如葫芦科的丝瓜、黄瓜、南瓜等，卷须尖端分歧成叉状，以适应攀缘。有些植物茎卷须与叶对生，它们是由变态的花梗变成的，因而它们有轴的本性，如葡萄科、无患子科和西番莲科藤本植物。葡萄的卷须运动特别有趣，卷须不断向外伸展，自发地左右运动在空间进行探索，卷须的尖端在慢慢地画着圆圈，当它接触到支撑物的时候，作螺旋收缩，紧紧箍住不放。但是如果没有缠住物体，便不发生这种现象。有些葡萄科植物如爬山虎属、蛇葡萄属中的某些种在卷须的顶端特化形成吸盘，当吸盘吸附在物体表面后，卷须收缩变得具有高度弹性，依靠吸盘的吸附力量将藤茎固定在物体的表面。吸盘是由一些膨大的细胞构成，在卷须接触物体表面时，吸盘内的膨大细胞迅速填充在物体表面的每个缝隙内，同时可能分泌一些胶合物，使吸盘和物体表面牢牢地结合在一起。没有贴附于任何物体的卷须，不作螺旋收缩，在一两个星期内收缩成极细的线，枯萎脱落。红萼花藤属、冠子藤属植物的卷须是由花梗演变成的，植物依靠特化敏感的花梗缠绕支撑物攀缘。

4. 叶卷须攀缘

有些植物的卷须是由变态的叶构成的，以适应攀缘。如豌豆、香豌豆的叶卷须是羽状复叶尖端的几片小叶变成的；尖叶藤的叶卷须是叶尖变成的；蔓百合属、猪笼草属植物的卷须是由植物叶片中脉特化延伸变成的；菝葜、牛尾菜的叶卷须是托叶变的。当脚状卷须已经缠绕住物体时，它将继续生长并增粗，最后变得非常坚固，和用叶攀缘植物的叶柄情况一样。如果卷须没有缠住物体，它先是缓慢地向下弯曲，然后它的缠绕能力消失。不久以后，它与叶柄脱节，像秋叶那样脱落。

5. 用钩攀援

有些藤本植物如猪殃殃、藤本类型悬钩子属、藤本类蔷薇、钩藤等，它们藤茎的攀爬依靠植物体上的钩刺附着在其他物体表面，而藤茎本身并没有表现出自发的旋转运动。钩藤的钩刺是由不发育的总花柄变成的。

6. 气生根攀缘

夹竹桃科的络石、紫葳科的凌霄、卫矛科的扶芳藤、桑科的薜荔及常春藤、绿萝、胡椒等的茎上生出许多气生根，借他物而攀缘。

7. 吸器和缠绕茎攀缘

如菟丝子、无根藤等除用茎缠绕在寄主外，还从茎上生出吸器伸入寄主茎组织内，以获取养料和攀缘。

8. 钩刺和缠绕攀缘

茜草科的茜草、蓼科的杠板归等，缠绕茎上或叶上生有细密钩刺，它们的茎既可缠绕又可钩挂。

9. 寄生攀缘植物的吸器

有少数双子叶藤本植物营寄生生活，寄生藤本植物的茎多可缠绕攀缘，寄生生活的习性引起了器官变化，根往往退化，在茎上发生吸器，乳头状突出的吸器侵入寄主茎中，形成放射状的管状细胞，直达木质部，吸取寄主营养物质以维持其本身的生活。这一类的不定根被称为吸器，吸器不仅具有营养吸收的作用，同时也使寄生藤本植物更牢固地固定和附着在寄主上。

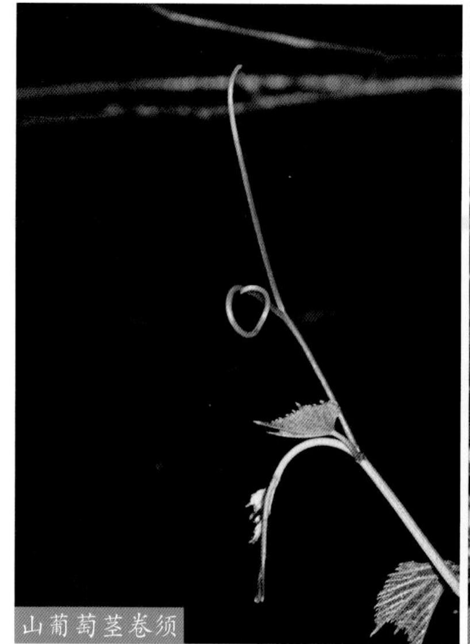
山葡萄茎卷须

香豌豆叶卷须

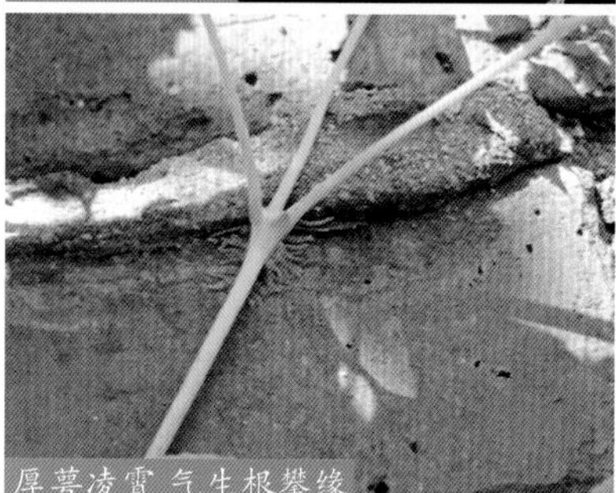
厚萼凌霄 气生根攀缘

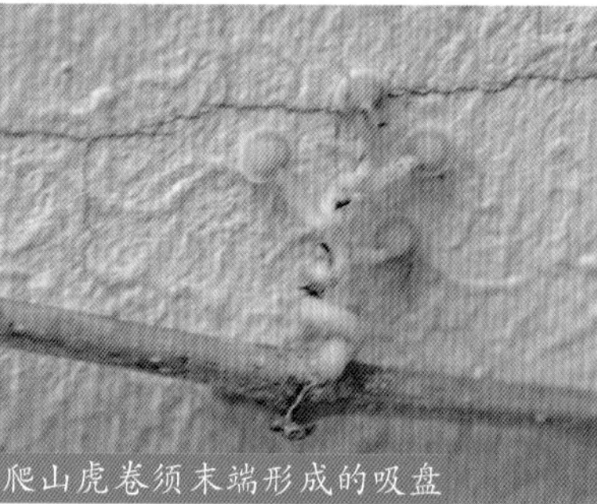
爬山虎卷须末端形成的吸盘

爬山虎卷须末端形成的吸盘

2 第二章 藤蔓植物的栽培繁殖

一、栽培土壤与基质

藤蔓植物栽培所用土壤是保证植物正常生长的一个极为重要的条件。土壤对于藤蔓植物的栽培不仅起到固定植株，使植株根系有所依附的作用，而且给植株提供生长、发育所需的全部水分、矿物质营养，使植株茁壮生长；另外土壤的质地、结构直接影响植物的根呼吸作用。园林植物栽培所用的土壤，总的来说，要求疏松肥沃、排水良好、保水力强、透气性好。露地栽培藤蔓植物，大多在人工干预的环境条件下进行，光照和水分条件不可能进行大的改变，栽培的土壤等局部环境条件恰是可以改变的，栽培成功与否，与栽培土壤选择及土壤适当改良有很直接的关系。因此在露地栽培藤蔓植物时，根据当地的气候条件，选择适宜的植物品种是栽培成功与否的关键因素；在此基础之上，根据对该物种自然分布地的土壤条件和生长发育要求进行必要的了解，再对栽培土壤进行必要的改良。而盆栽藤蔓植物则因受到栽培容器的限制，对上述条件的要求更加严格，同时由于大多藤蔓植物离开了它原产地的土壤条件，所以，在人工配制盆栽用土时，必须考虑土壤的如下因素。

1. 土壤的物理性状

土壤的物理性质包括土壤的颗粒组成、排列方式、结构、孔隙度以及由此决定的土壤的密度、容重、黏结性、透水性、透气性等。黏重的土壤排水不良，透气不好， 常因积水和透气不良影响根呼吸而引起烂根。因此，应选用沙粒比例适中，不松不紧，既能排水和透气良好，又能蓄水、保肥、保水，使用肥、气、水状况比较协调的疏松沙质壤土作为栽培基质。

2. 土壤的化学性状

土壤酸碱度是土壤最重要的化学性质，对土壤肥力、土壤微生物的活动、土壤有机质的合成和分解、各种营养元素的转化和释放、微量元素的有效性以及动物和微生物在土壤中的分布都有着重要影响。土壤酸碱度通常用pH值表示，我国土壤酸碱度分为5级：pH＜5.0为强酸性，pH5.0～6.5为酸性，pH6.5～7.5为中性，pH 7.5～8.5为碱性，pH＞8.5为强碱性。我国北方沿海平原地区及石灰岩山区形成的土壤母质多为碱性土，南方、我国东北森林地带及北方高山地带花岗岩等所形成的土壤多为酸性土壤。北方常见露地栽培的藤蔓植物对土壤酸碱度不甚敏感，但南方藤蔓植物引种到北方栽培，必须要注意调整土壤的化学性状和浇水的pH值，使其调整至中性至微酸性。

3. 土壤有机质

土壤有机质包括非腐殖质和腐殖质两大类。腐殖质是土壤微生物在分解有机质时重新合成的多聚体化合物，约占土壤有机质的85%～90%，是植物营养的重要碳源和氮源，也是植物所需各种矿物营养的重要来源，并能与各种微量元素形成络合物，增加微量元素利用的有效性。土壤有机质能改善土壤的物理结构和化学性质，促进土壤微生物的活动，有利于土壤团粒结构的形成，从而促进植物对土壤养分的吸收利用和生长发育。理想的栽培土壤应该是由众多的小团粒结构所组成，这些小团粒不仅含有大量的腐殖质，而且疏松、肥沃、通气，排水、保水良好。

4. 栽培的基质

国外引进栽培的藤蔓植物或南方植物北方室内栽培，需要根据植物生长、发育的需求，将不同的栽培基质按一定的比例混配，再掺入一定数量的长效复合肥，配置成专门的栽培基质，以满足植物的生长和形成优质的商品。盆栽植物常用的栽培基质如下：

树皮：松树皮与硬木树皮、木屑，有良好的物理性状，粒径1.5～15mm，分级筛选。

腐叶土：秋季收集阔叶树种的落叶，集中堆放，并喷洒适量的水，经过高温充分腐熟发酵，第二年秋季即可使用。土质疏松肥沃，含大量腐殖质，具有良好的透水、透气性能，pH值呈中性至微酸性，适宜用作改良黏重土壤或贫瘠的沙土。

泥炭：泥炭是古代的植物体受地形变动被埋压在地下，经历多年腐化形成的。泥炭土含大量腐殖质，疏松肥沃。泥炭土既可与粗沙混配制做成盆栽用土，也可单独使用，同时作为肥料施入较黏重的土地里，可改变土壤物理性状。

苔藓、蕨根、棕皮、椰壳、谷壳、花生壳与甘蔗渣等，这类物质容重低，持水量与孔隙度差异较大；碳氮比较高。

沙粒(石英砂与河沙)：粒径0.2～1.5mm均可，但以0.3～0.5mm为好；容量大，用量不应超过总体25%。

陶粒：由黏土煅烧而成大小均匀的颗粒，容量与持水量中等；不会分解，可长期使用，若作盆栽基质，只占总体积20%左右；能改善基质的通气性，多作为肉质根系藤蔓植物土壤的改良剂。

蛭石：是硅酸盐材料加热形成，容重低，持水量高，pH值7～9，加热后能释放出适量的钾、钙、镁。长期使用后,颗粒会变碎、变小，不宜作长期盆栽基质，经常用作扦插繁殖或组培苗过渡移栽的基质。

珍珠岩：由铝硅岩经粉碎、高温加热后形成的膨胀材料，被大量用作建筑的保温材料。由于其具有通气性好、容重低、易浮于基质表面、持水量中等、不分解、pH值7～7.5等特性，一些较大颗粒珍珠岩常被用于藤蔓植物的工厂化育苗中，也多用于扦插繁殖基质。

二、繁殖技术

1. 营养繁殖

几乎所有的藤蔓植物均可用营养繁殖方法进行育苗。

（1）分株繁殖

就是利用植株个体自然增殖的特性，将繁殖母株的根茎、匍匐茎、球茎等营养器官切离母株，单独分开种植。此种繁殖方式，操作简便易行，实际生产中较常采用。其缺点是繁殖系数低，在短时间内不容易获得大量植物个体。

（2）扦插繁殖

就是将繁殖母株的部分营养器官（根、茎、变态茎、叶等）剪离母体，放置在适宜的条件下养护，使其形成新的植株个体的繁殖方法。它主要包括嫩枝扦插、硬枝扦插、叶插、根茎扦插等方法。此种繁殖方式，运行成本相对较低，在短时间内容易获得大量植物个体，是在实际生产中最常采用的繁殖方法。

沙是扦插繁殖中应用最广泛的基质，价格低廉而且容易得到。

大多数植物插条生根的最适宜温度与其生长期最适温度大体一致。嫩枝扦插约20～24℃；热带地区原产种类则要求25～30℃或略高些；寒温带地区分布的种类则宜温度稍低。实际操作中，应将扦插基质的温度保持在高于空气温度2～3℃，这对插条生根成活最有利。

扦插基质的含水量应保持在50%～60%为宜。插条周围环境空气湿度保持90%左右。

（3）嫁接繁殖

是将繁殖母株的部分营养器官（主要是枝条、休眠芽）嫁接在能与其相亲和的其他植株个体上，形成新的植株并使其保持繁殖母株的优良遗传特性的繁殖方法。它主要包括枝接、芽接、根接等方法。

（4）压条繁殖

是将繁殖母株的枝条在不脱离母株的情况下，利用一定的栽培基质覆盖（遮光），最终达到覆盖枝条生根形成新植株的繁殖方法。水分和矿物质不断地供给压条，因为枝条没有被切断而且木质部仍然相连，因此压条繁殖比采用扦插繁殖更易成功。这种方法主要适宜藤茎软、蔓生、匍匐的植物，如匍匐栒子、紫藤、杠柳、蛇葡萄、野葡萄、铁线莲、南蛇藤等。

2. 种子繁殖

种子繁殖又称有性繁殖。大多数种子能增强生活力且富遗传变异性，为人工杂交育种或选种提供了有利条件；植物产生的种子量较多，长途运输便利且种子寿命较长，便于资源的保存；大量种子经过适当处理后，可迅速形成批量种苗用于苗木生产，以满足城市绿化需要。

（1）室内育苗

利用容器在室内育苗的方法对于许多不易发芽、无侧根、幼苗裸根移栽困难的藤蔓植物，是非常必要的手段。

种子一般种植于浅盆内的发芽基质中，根据种子发芽的需要可以进行发芽前的预处理，或者在播种后将浅盆贮藏于适当温度下使种子后熟（如果需要的话），直至发芽开始。种子发芽后，幼苗的分栽应尽早进行。分栽幼苗时应对根系作必要的修剪，以促进侧根的发育，为将来提高大苗移栽的成活率奠定基础。

（2）露地育苗

利用种子繁殖苗木是苗圃作业的重要形式。种子的播种繁殖时间可分为秋季和春季进行。大多数藤蔓植物的种子是秋季采种，冬季储藏，春季将种子用温水浸种处理后直接播种。另外一类原产于温带地区的藤蔓植物（如铁线莲、紫藤、南蛇藤、北五味子、野葡萄等）种子存在不同程度的休眠，秋末将种子浸种处理后，直接播种于露地苗床，冬春季注意苗床的保湿，使种子直接接受外界自然低温来解除休眠，春季气温升高后，种子萌发；或秋末将种子浸种处理后与湿沙混匀，然后将混合物放入尼龙袋或容器中，藏于室外预先挖好的沟内，春季化冻后直接把沙藏的种子播于苗床。

播种后的苗床日常管理是关键，包括浇水保持苗床土壤湿润、控制杂草生长及适当的追肥措施促使幼苗正常生长发育。幼苗可以在苗床上生长1～3年，根据植物种类不同，可适时分栽移苗。许多植物的幼苗在第1年末掘起，移栽到苗圃地上进行正常养护。

三、病虫害及防治

1. 藤蔓植物病害与防治

真菌性病害：该类病害种类最多，病害多在高温、高湿的生长季节发病，病菌多在植物病残体及土壤中过冬。病菌孢子借风、雨水、水流等传播。在适合的温、湿度条件下孢子萌发，长出芽管侵入寄主植物内危害。可造成植物倒伏、死苗、斑点、黑果、萎蔫等病状，在病部带有明显的霉层、黑点、粉末等病症。

细菌性病害：侵害植物的细菌主要为杆状菌，常具有一至数根鞭毛，可通过植物的气孔和创伤处侵入，借流水、雨水、昆虫等媒介传播，病菌在病残体、种子、土壤中过冬，在高温、高湿条件下易发病。细菌性病害症状表现为萎蔫、腐烂、穿孔等，发病后期遇潮湿天气，在病部溢出细菌黏液，常发出恶臭气味。

病毒病：主要借助于带毒昆虫传染，如线虫、蚜虫均可传播病毒病。病毒在杂草、块茎、种子和昆虫等活体组织内越冬。病毒病症状表现为花叶、黄化、卷叶、畸形、簇生、矮化、坏死、斑点等。

线虫病：植物病原线虫，体积微小，多数情况下肉眼看不见。线虫寄生植物体内，可引起植物营养不良而生长衰弱、甚至死亡。线虫以胞囊、卵或幼虫等在土壤或种苗中越冬，主要靠种苗、土壤、肥料等传播。

病害防治措施：

根据栽培地的环境条件，选择生态适应性强、抗病性较强的植物种类，确保植物能旺盛生长，增加植物本身的抗病能力；

合理的种植密度，加强日常管理，使用有机肥必须充分发酵、腐熟。及时去除病残枝等措施是减少病害源头的关键；

病害发生较为严重时，根据病原体的不同，有针对性地选择高效、低残留的农药加以防治。同一类型病害在选择农药防治时，应经常更换农药种类，以防病原体产生抗药性。

2. 藤蔓植物虫害与防治

危害藤蔓植物的害虫种类很多，由于食性和取食方式不同，口器也不相同，主要有咀嚼式口器和刺吸式口器。咀嚼式口器害虫，如甲虫、蝗虫、蛾蝶类幼虫等，危害植物根、茎、叶、花、果实和种子，造成机械性损伤；刺吸式口器害虫，如蚜虫、椿象、叶蝉、螨类等。它们是以针状口器刺入植物组织内吸食汁液，使植物呈现萎缩、皱叶、卷叶、枯死斑、生长点脱落、虫瘿（受唾液刺激而形成）等；此外，还有虹吸式口器（如蛾蝶类）、舐吸式口器（如蝇类）、嚼吸式口器（如蜜蜂）。了解害虫的口器，不仅可以从危害症状去识别害虫种类，也为药剂防治提供依据。

虫害防治措施：

大力提倡生物防治方法，减少化学农药的使用，在保护了环境的同时，也保护了大量天敌昆虫，有利于保持害虫与天敌昆虫之间的动态平衡；

根据各地虫害的特点及种类，选择利用寄生性或捕食性天敌昆虫，如赤眼蜂、平腹小蜂、草蛉、七星瓢虫、丽蚜小蜂、食蚜瘿蚊、小花蝽、智利小植绥螨、西方盲走螨、侧沟茧蜂等，对其大量进行繁殖并释放这些益虫，对抑制害虫虫口数量起着重要的作用；

做好虫害的监测、预报工作，根据害虫的生长和发育规律不同，选择生物农药或低残留农药，力争在幼虫阶段将害虫数量控制在合理水平；

根据害虫类别不同，选择农药种类不同。刺吸式口器害虫应选择内吸剂型农药，咀嚼式口器害虫应使用胃毒剂类型农药。

四、提高藤蔓植物观赏效果的措施

1. 因地制宜，选择适宜的藤蔓植物

在选择藤蔓植物种类时，首先要考虑到藤蔓植物在城市中生长环境的基本特点。城市建筑物集中，道路铺装量大，造成城市的辐射热过高，不利于植物生长。人口集中、土壤密实、建筑垃圾及人为废弃物等因素致使土壤质地、水分、温度等诸多环境因子均不同于原生（次生）植被自然生长的生态条件。因此要考虑选择能在城市特有生态环境条件下生长良好的种类，才有可能使藤蔓植物形成良好的景观。其次，实事求是地结合当地地域环境基本特点，到现实的城市（地域）环境中去调查、寻找、选择在类似环境中已驯化成功应用的物种（品种）或本地域野生植物资源。

2. 根据植物的生长、发育习性做好整形修剪

了解不同种类藤蔓植物资源的形态特点、生长习性、开花、结实的发育特点是获得最佳景观效果的重要保障基础。大型藤本植物在幼苗期间，就应根据支撑物

紫藤萝花棚

美国地锦护坡景观

的材质和形状培养保留1～2个主蔓藤茎，并在主蔓上逐渐培养各级侧蔓藤茎，使枝条均匀分布在支撑物上，为形成良好的藤蔓景观打下基础；以观花为目的的藤本植物的修剪，必须掌握植物的花芽着生在枝条的具体部位、花芽分化和开花时间，才能保证藤蔓植物在修剪后有良好的观花效果；一般春季开花的藤蔓植物花芽着生在前一年发育良好的枝条上（如紫藤、大花铁线莲、绣球藤及其栽培品种），在栽培管理过程中，对藤蔓当年枝条的修剪和整形要特别慎重，否则影响第二年春季开花效果；对于有二次开花习性的藤蔓植物需要在主花期后及时进行适度修剪，以刺激新梢生长，这类植物第一次花期的花朵开放于头年的老枝上，花芽头年已分化完成，春季开花后，位于开花枝条下部的叶腋处会萌生新枝条，在当年生新枝的顶端于夏季继续形成二次开花，如现代类型的藤本月季、大花铁线莲及其杂交品种；还有一类藤本植物的花朵全部着生在当年生新枝条上（如木藤蓼、葡萄等），早春植株萌芽前，应根据花芽形成的节位和植株特性对植株进行重度修剪，以刺激植株生长和开花。

3. 为藤蔓提供适宜展示空间

由于藤蔓植物不能独自直立生长，都需要借助各种形式的支撑物来攀缘生长。每种类型的藤蔓植物在定植应用前，需要对成年植物的体型、规格有明确的判断，以确定栽植株行距；对藤蔓植株的攀缘方式有充分的了解，以确定适宜其攀缘生长的支撑物；大型木质藤蔓植物（如紫藤、油麻藤、扁担藤、南蛇藤、猕猴桃等）因生长的年限久远，还要充分考虑支撑物提供的支撑强度和支撑物的耐久性等因素；依靠气生根（如凌霄、扶芳藤）、吸盘（爬山虎）攀缘吸附的植物，在提供支撑物时，其表面应尽量粗糙，便于植物固定，否则难以形成覆盖支撑物表面的景观。此基础上，根据空间的大小，植物展示的目的，确定植物的定植数量，形成优美的藤蔓景观环境。

4. 合理的栽培管理措施，为植物创造优良生长条件

藤蔓植物定植前，根据拟定植藤蔓植物的栽培、生长习性特点，对栽培土壤的局部改良是保证植物定植后迅速恢复长势的必要条件；定植后应对植物藤茎做必要的绑扎、固定、牵引等措施，以便植物藤茎沿着提供的支撑物攀缘，尽快形成景观；进入正常生长状态后的藤蔓植株，根据植物周期性生长发育的需要，进行合理的灌水，科学追施肥料，及时预防和控制病虫害，确保藤蔓植物长久健康生长，并形成优美的景观。

3 第三章 藤蔓植物的应用

一、藤蔓植物的造景特色

由于藤蔓植物包含了一二年生、多年生草质藤本及木质藤本等各种类型植物，枝条长度可达数米到数十米，可根据人们的造景需要，利用丰富的藤蔓植物种类、花色、花型、果实、叶色等特性，选择不同的支撑物，创造出物种丰富的人工景观，增加城市绿化物种的多样性。

大多数藤蔓植物对光照和土壤都具有良好的适应性，可以在植物景观群落的不同层次和方向延展。藤蔓植物可以配置在景观群落的最下层作为地被，也可以配置于植物群落的上部作垂直绿化或悬挂攀缘。

利用藤蔓植株形态无定形特性，借助拟人的象征手法制作各种造型，表达人们的情怀。藤蔓植物的形态决定于其所绿化、美化的对象。如用藤蔓植物装饰垂直的墙壁，其形则是平整的绿色挂毯；如用藤蔓植物绿化细长的电线杆，其形则似绿色长柱；如用藤蔓植物作棚架绿化，不仅可提供休闲、纳凉的场所，也可为人们在炎热盛夏舒缓烦闷的情绪；如用紫藤的热情好客之意，在庭院的入口处设计紫藤攀缘的棚架，可表示主人对宾客的欢迎。

藤蔓植物可以通过其自身特有的结构，沿着其他植物无法攀附的垂直立面生长、延展，在其他植物无法绿化美化时进行垂直绿化，这是藤蔓植物的优势和特色所在。

二、藤蔓植物的应用方式

1. 垂直立面绿化造景

主要以爬山虎、凌霄、扶芳藤等具有吸附能力的藤蔓植物，借助其特殊的附着结构在垂直立面上进行绿化造景；也可在垂直立面，制作特殊的固定架构，使不具吸附能力的缠绕类型攀缘植物通过攀爬形成立面植物景观。垂直立面包括楼房等建筑物外立面、桥梁桥墩、立交桥侧面、岩石表面、挡土墙、枯立木等。

2. 篱垣式造景

主要以缠绕类（如铁线莲、茑萝、藤本忍冬等）、卷须类（如葡萄、葫芦科瓜类等）和蔓生类（藤本月季等）藤本植物，借助护栏、低矮围墙、栅栏、铁丝网、篱笆等具有支撑功能的支撑物进行绿化造景，其景观两面均可观赏，除了造景外，还有分割空间和防护作用。

美国地锦垂直攀缘墙面

美国地锦攀附山石

美国地锦垂直绿化立交桥

铁线莲篱垣美化

黄瓜篱垣

藤本月季装饰篱垣

茑萝应用于篱垣

3. 棚架式造景

棚架又称花架，是园林中最常见的藤蔓植物造景方式。通常采用各种刚性材料构成具有一定结构和形状的供藤蔓植物攀爬的园林建筑。棚架的类型按照立面形式分为普通廊式棚架、复式棚架、凉架式棚架、半棚架和特殊造型棚架等。棚架藤蔓植物主要选择卷须类、缠绕类及蔓生类。常用的藤蔓植物有紫藤、常春油麻藤、猕猴桃、葡萄、西番莲、南蛇藤、扁担藤、猫爪藤、木香、木通、马兜铃等大型藤本植物。

使君子美化棚架

锦屏藤在棚架上犹如垂帘

紫藤萝棚架

中华常春藤与假山置石

紫藤与山石搭配应用

木玫瑰花架

心叶绿萝柱体装饰

紫藤棚架

爬山虎爬满树干

南蛇藤地被

中国爬山虎覆盖屋顶

4. 假山置石绿化造景

假山和置石是园林中不可或缺的景观元素，为假山置石装饰藤蔓植物，刚柔并济，相互映衬。用于假山置石绿化美化的藤蔓植物主要是悬垂的蔓生类和吸附类植物。此类藤蔓植物的选择要考虑假山置石的色彩和纹理，同时在配置数量上要适度，并充分显示假山置石的美丽和气势。常见种类有金银花、蔓常春、常春藤、爬山虎、络石、凌霄、素馨等。

5. 柱体垂直绿化造景

这是一类比较特殊的藤蔓植物绿化景观，主要为桥梁的立柱、电线杆、树干等大型柱形结构。这类藤蔓植物主要为吸附类和缠绕类、如薜荔、爬山虎、牵牛、五爪金龙、常春藤等；天南星科具有气生根的大型藤蔓植物如龟背竹、合果芋、绿萝、喜林芋等属的植物，在南方热带地区常沿树干或其他支撑物攀爬形成特殊的景观，在亚热带及温带地区则被开发成柱状盆栽观叶植物，大量用于室内栽培观赏。

6. 地被景观

许多藤蔓植物横向生长也十分迅速，能快速覆盖地面，形成良好的地被景观。用作地被的藤蔓植物主要有蔓常春、扶芳藤、美国地锦、络石、观赏薯、常春藤等。

7. 屋顶、阳台景观绿化

由于城市中用于绿化的土地资源稀缺，屋顶、阳台绿化可在不增加城市绿化用地面积的基础上，大大增加了城市的绿化面积、改善城市建筑物立体景观，减少建筑物的辐射热，起到节能降耗的作用，为节约型社会的创建服务。屋顶、阳台绿化可根据屋顶、阳台的格局及人们的喜好，设计成各种规格、形状的景观，植物的选择上，尽量挑选适应性强、耐热、耐寒、耐旱的乡土藤蔓植物和地被植物，以利于景观的形成、维护和可持续。

球兰盆栽垂吊（柱体）

使君子用于屋顶阳台美化

薜荔攀爬墙面景观

美国地锦护岸应用

三、因地制宜选择藤本植物配置景观

藤蔓植物从高达数十米的大型木质藤蔓到纤细的小型草质藤蔓，其具有非常鲜明的造景特色。在利用其造景应用过程中，应充分考虑到如下一些因素。

（1）结合本地的气候特点充分考虑到所选择植物的生物学特性。一个区域植物景观的形成与物种的自然分布和气候条件密不可分，当地已有应用或自然分布的乡土物种基本代表了该区域的景观地方特色。因此在选择藤蔓植物进行景观配置时，尽量选择乡土藤蔓植物，并对所选物种的生物学特性进行全面的了解和认知，这是形成预期景观效果的关键。

（2）根据景观设计的要求和支撑物的形状和特点，选择适宜的藤蔓植物种类。景观的季相变化需要依靠植物随季节的生长，外貌发生相应变化来实现。在植物选择配置时，尽量选择同一物种具有不同季相变化的叶、花、果实等色彩变化，并给予它们充分的展示空间和时间，用以丰富景观变化。

（3）充分利用植物引种驯化成果，用丰富的物种来满足景观建设需求。一些气候条件相似或纬度相近地区的植物，经过一定时间的引种驯化栽培或杂交育种改良，完全可以适应自然分布区以外的地区环境条件，并能形成优美的景观。如广泛分布于我国亚热带北部边缘以南地区的扶芳藤经过长期引种驯化，筛选出的‘红脉’扶芳藤和‘宽瓣’扶芳藤品种能够很好适应北京的气候条件，冬季叶片常绿，得到了一定数量的应用；还有一些非本地原产藤本植物如木通马兜铃、三叶木通、美国地锦、美国凌霄等经过引种驯化栽培后，在北京地区均得到一定数量应用，并表现良好。

（4）城市绿化中，栽培应用的藤蔓植物所处的土壤、水分、温度等微环境条件比原生地的相应条件要严酷许多。在植物景观配置时，除对栽培的微环境需要进行必要的改善以外，应尽量选择适应生态环境幅度较宽泛的物种。

第四章 缠绕类藤蔓植物

巴戟天

Morinda officinalis

茜草科巴戟天属

形态特征 木质缠绕藤本，嫩枝被硬毛。单叶对生，纸质，长圆形、卵状长圆形或倒卵状长圆形，先端短尖，基部钝圆或楔形，边全缘，有时具稀疏短缘毛。3～7个头状花序组成复伞形花序排列于枝顶，头状花序具花4～10朵，花冠白色，近钟状。聚花核果由多花或单花发育而成，熟时红色，扁球形或近球形。花期5～7月，果熟期10～11月。

产地习性 产我国热带和亚热带南部地区，多野生于低中海拔的丘陵或低山阳坡杂木林和灌丛中，常攀于灌木或树干上。喜阳光，喜温暖湿润的气候环境，不耐寒冷和霜冻，较耐旱。适宜土层深厚、肥沃和排水良好的酸性沙壤土或壤土。南方有栽培。

繁殖栽培 扦插和种子繁殖。扦插一般在3～4月间进行，选用1～2年生粗壮茎蔓作插条，截成长约15cm，且具2个芽的插穗，扦插在20～25℃的插床上，2～3周后生根。播种繁殖在早春进行。扦插成活的苗木应尽早移栽定植，定植时应及时搭设攀缘支架，使植叶通风透气和接受充分的阳光。茎蔓的修剪在盛花期过后进行，修剪后使形成适当的分支和保持旺盛的生活力。

园林应用 适宜我国南方各地园林及庭院、墙垣、栅栏、单层建筑等的攀缘绿化。根可入药，具有补肾益精、助阳强筋骨和祛风湿的功效。

同属植物 约102种，分布于热带、亚热带及温带地区。可引种栽培的还有：

羊角藤 *Morinda umbellata*，蔓状或攀缘状灌木。叶倒卵形、倒卵状披针形或倒卵状长圆形，全缘，上面常具蜡质，光亮。顶生头状花序，4～11个组成复伞状花序，花冠白色，花期6～7月，果熟期10～11月。产我国南部及东南部的热带及亚热带地区，生于海拔300～1200m山地林下、溪旁、路旁等疏阴或密阴的灌木上。

鸡眼藤 *Morinda parvifolia* ，藤状灌木。幼枝密被柔毛，叶倒卵形、倒卵状椭圆形。头状花序，顶生，由2～6个头状花序组成复伞状花序，花冠白色或绿白色，聚合果具核果，近球形。花期4～6月，果熟期7～8月。产于华南及华东南部部分地区。生于低海拔平地、沟边、丘陵灌丛中或林下。全株药用，清热利湿、化痰止咳。

1	2	5	6
3		7	8
4			9

1. 巴戟天与棕榈树的园林应用
2. 鸡眼藤全株
3. 巴戟天果实
4. 鸡眼藤花序
5. 羊角藤花序
6. 羊角藤果实
7. 鸡眼藤果实
8. 未成熟的鸡眼藤果实
9. 羊角藤果枝

北马兜铃

Aristolochia contorta

马兜铃科马兜铃属

形态特征　多年生宿根缠绕草质藤本，茎长达2m以上。叶纸质，卵状心形或三角状心形，顶端短尖或钝，基部心形，两侧裂片圆形，下垂或扩展，边全缘，两面均无毛。总状花序有花2～8朵，生于叶腋，花被基部膨大呈球形，向上收狭呈一长管，绿色，管口扩大呈漏斗状；檐部一侧极短，有时边缘下翻或稍二裂，另一侧渐扩大成舌片，舌片卵状披针形，黄绿色，常具紫色纵纹和网纹。蒴果宽倒卵形或椭圆状倒卵形，种子三角状心形，灰褐色。花期5～7月，果期8～10月。

产地习性　产于我国东北及华北等地，生于海拔500～1200m的山坡灌丛、沟谷两旁以及林缘，喜气候较温暖，湿润、肥沃、腐殖质丰富的沙质壤土。我国北方多栽培。

繁殖栽培　播种和分根繁殖。种子不耐干藏，采收后应立即播种或埋于湿沙中保存。9月下旬至10月上旬播种，也可沙藏至翌年3月上旬至4月上旬进行。分根繁殖可于早春进行，挖出根条，选取茎粗0.5～1cm的作种根，切成10cm长的小段，每段带2～3个芽眼另行栽植即可。栽植地宜选择土质疏松肥沃、排水良好的沙质壤土，栽前结合整地施入腐熟厩肥或堆肥作基肥。苗高30cm时，设立支架，牵引茎蔓攀缘生长。

园林应用　北马兜铃花形奇特，果实也颇具观赏性，是小型棚架、栅栏、篱墙等处绿化的好材料。本种作为常用的中药材而广为栽培。

<table>
<tr><td colspan="2">1</td><td>5</td></tr>
<tr><td colspan="2">2</td><td rowspan="2">6</td></tr>
<tr><td>3</td><td>4</td></tr>
</table>

1. 北马兜铃果实
2. 巨花马兜铃全株
3. 巨花马兜铃花被基部膨大呈球形及花被片背部
4. 巨花马兜铃花
5. 北马兜铃花序
6. 北马兜铃全株

同属植物　约350种，我国约30种，国内外常见栽培的藤本植物还有：

木通马兜铃 *Aristolochia mandshuriensis*，落叶大型木质缠绕藤本，藤茎达10m余。叶革质，心形或卵状心形，顶端钝圆或短尖，基部心形至深心形。花单朵，稀2朵聚生于叶腋；花被管中部马蹄形弯曲，下部管状，外面粉红色，具绿色纵脉纹；檐部圆盘状，外面绿色，有紫色条纹。蒴果长圆柱形，暗褐色。花期6～7月，果期8～9月。产于东北及山西、陕西、甘肃、四川和湖北。生于海拔100～2200m阴湿的阔叶和针叶混交林中。北方有引种栽培。

马兜铃 *Aristolochia debilis*，多年生草质藤本。茎柔弱。叶纸质，卵状三角形，长圆状卵形或戟形。花黄绿色，口部有紫斑。蒴果近球形。花期7～8月；果期9～10月。产华北、华东、华中及西南地区。南方常作药用栽培，用途与北马兜铃相同。

巨花马兜铃 *Aristolochia gigantea*，常绿缠绕藤本，藤茎长达10m。单叶，互生，阔卵状三角形，长5～10cm，顶端钝，基部近心形，全缘。花大，单生于茎干或叶腋，咖啡色，布满紫色或白色条纹。花期6～11月。原产巴拿马，越冬最低温度10℃以上。我国热带地区多栽培应用。

大花马兜铃 *Aristolochia grandiflora*，常绿缠绕藤本，藤茎长达10m。单叶，互生，心形，长20～25cm，全缘。花大，单生，长尾状，白色，布满绛紫色条纹。花期夏季。原产墨西哥至巴拿马及印度西部，越冬最低温度10℃以上。我国热带地区多栽培应用。

<table>
<tr><td rowspan="3">1</td><td>2</td></tr>
<tr><td>3</td></tr>
<tr><td>4</td></tr>
</table>

1. 木通马兜铃全株
2. 马兜铃果实
3. 马兜铃花
4. 木通马兜铃花

北五味子
Schisandra chinensis
五味子科五味子属

形态特征 落叶木质缠绕藤本，长达8m，全株近无毛；小枝灰褐色，稍有棱。叶互生，宽椭圆形、倒卵形或卵形，先端骤尖，基部楔形，上部疏生胼胝质浅齿，近基部全缘，基部下延成极窄的翅。花单性，雌雄异株，单生或簇生于叶腋；花梗细长而柔弱；花被片6～9，乳白色或粉红色，芳香，花期5～7月。聚合果长1.5～8.5cm，小浆果红色，近球形或倒卵圆形，种子肾形，种皮光滑，果熟期7～10月。

产地习性 原产于东北、华北、湖北、湖南、江西、四川等地，多生于海拔1800m以下山林灌丛或湿润的沟谷、溪水边。喜温暖湿润气候，耐寒，稍耐阴。对土壤要求不严，喜生于疏松、肥沃、排水良好的微酸性至中性沙质壤土，土壤条件较差时生长不良。我国温带和亚热带地区多有栽培。

繁殖栽培 播种、扦插、压条繁殖为主。8～9月份果实成熟时采收，洗出种子，晾晒至含水量10%～11%时储藏，种子在（0～5℃）低温下干藏可保存1～2年。以春季条播为主。播种前3个月左右，用温水浸种24小时，然后再将种子进行低温沙藏。播种苗3年后可开花结果，4～10年进入结果盛期。扦插、压条于夏秋季进行，扦插时保持空气湿度80%以上，及适当的土壤湿度。园林栽植时搭好棚架或篱架，选半阴处栽植生长最好。

园林应用 北五味子枝叶光亮，秋叶转红，红色的果穗下垂枝头，适用于园林半阴处的花篱、花架、山石点缀，也可盆栽观赏。五味子为著名的中药，在药材产地，多被当做中药材大规模做篱架式栽培应用。

1. 北五味子成熟的果实
2. 北五味子花及枝条
3. 北五味子花

同属植物 在我国分布约有20多种，大部分分布在长江以南地区。常见栽培的有：

红花五味子 *Schisandra rubriflora*，落叶木质藤本。叶纸质，倒卵形、椭圆状倒卵形或倒披针形。花红色，花被片5～8，椭圆形或倒卵形。聚合果的小浆果红色，椭圆形或近球形。花期5～6月，果熟期7～10月。主产我国西南地区，多生于海拔1000～1300m的河谷、山坡林缘等地。种子繁殖。花大、色艳，适宜南方地区庭院棚架栽培观赏。

华中五味子 *Schisandra sphenanthera*，落叶木质藤本。叶纸质，倒卵形、阔倒卵形、倒卵状长圆形或圆形，稀椭圆形。花单性，雌雄异株，生于小枝近基部叶腋。花被片5～9，排成2～3轮。聚合果长6～9cm，小浆果红色。花期4～7月，果熟期7～9月。产我国中部、华东和西南地区，多生于海拔600～3000m较湿润的山坡、溪谷的灌木丛中，果入药，为五味子的代用品。

大花五味子 *Schisandra grandiflora*，落叶木质藤本。叶纸质，窄椭圆形、椭圆形或卵形。花白色，花被片7～10，3轮，近似，倒卵形或宽椭圆形。聚合果果托长12～21cm，小浆果倒卵状椭圆形。花期4～6月，果熟期8～9月。产云南西部及南部、西藏南部，生于海拔1800～3100m的山坡、林下及灌丛中。

滇藏五味子 *Schisandra neglecta*，落叶木质藤本。叶纸质，狭椭圆形至卵状椭圆形，先端渐尖，基部下延成翅。花黄色，花被片6～8，宽椭圆形、倒卵形或近圆形。聚合果托长6.5～11.5cm，小浆果红色，长圆状椭圆形。花期5～6月，果期9～10月。产四川南部、云南西部和西北部、西藏南部。生于海拔1200～2500m的山谷丛林或林间。印度东北部、不丹、尼泊尔也有分布。种子入药，代五味子。

1	
2	3
4	

1. 红花五味子花序与枝条
2. 红花五味子果序
3. 华中五味子果序
4. 红花五味子生境

1	3	5
2		
4		6
		7

1. 滇五味子花
2. 华中五味子枝条
3. 大花五味子果实
4. 滇五味子枝条及花
5. 大花五味子枝条及果实
6. 北五味子未成熟的果实及全株
7. 华中五味子全株

蝙蝠葛

Menispermum dauricum

防己科蝙蝠葛属

形态特征　落叶缠绕性草质藤本。根茎直生，茎自近顶部侧芽生出。小枝绿色，有细纵条纹。叶心状扁圆形，顶端急尖或渐尖，基部浅心形或近于截形，具3～9角或3～9裂，稀近全缘，无毛，下面苍白色。圆锥花序单生或双生，具花数朵至20余朵。花梗长约0.5～1cm；雄花萼片黄绿色，花瓣肉质，兜状，具爪。核果成熟时黑紫色，圆肾形。花期6～7月，果熟期8～9月。

产地习性　原产于我国东北、华北、华东等地区，多生于海拔1500m以下的山地灌木丛、路边或攀缘于岩石上。耐寒、耐旱、耐半阴环境，对土壤要求不严，喜生于疏松、肥沃、排水良好的微酸性或中性沙质壤土上。北方常栽培于药用植物园或植物园药用植物区作为科普展示或做中草药栽培。

繁殖栽培　以播种繁殖为主，亦可分株繁殖。9～10月采收成熟的紫黑色的果实，去皮洗净，去除杂质，阴干。种子可秋播或沙藏翌年春播，经低温沙藏的种子可显著提高发芽率，春播20天后开始出苗，播种苗当年苗可长到40～50cm。分株繁殖宜早春进行。

园林应用　蝙蝠葛为小型篱垣攀缘植物，观赏奇特光亮之叶，在山石、墙垣令其自行攀附即可。也可用作半阴处坡地的护坡绿化或栽于树下、林地作地被植物使用。

1	2
3	
4	5

1. 蝙蝠葛开花植株
2. 蝙蝠葛未成熟的果序
3. 蝙蝠葛地被应用
4. 蝙蝠葛花序
5. 蝙蝠葛成熟的果序

菜　豆

Phaseolus vulgaris

蝶形花科菜豆属

形态特征　一年生缠绕草质藤本，茎被短柔毛或老时无毛。羽状三出复叶，小叶宽卵形或卵状菱形，全缘。总状花序比叶短，数朵生于花序顶部，花冠白色、黄色、紫堇色或红色。荚果线形或长圆形。花期春夏季。栽培品种多达500个以上。

产地习性　原产美洲的热带地区，我国在16世纪末才开始引种栽培。喜光、喜温暖、不耐霜冻，在排水良好、疏松、肥沃土壤中生长良好。世界各地做蔬菜广为栽培。

繁殖栽培　播种繁殖。种子发芽适温为20～25℃，植株生长适宜温度为15～25℃，开花结荚适温为20～25℃，10℃以下低温或30℃以上高温会影响生长和正常授粉结荚。属短日照植物，但多数品种对日照长短的要求不严格，栽培季节主要受温度的制约。中国的西北和东北地区在春夏栽培；华北、长江流域和华南地区以春播和秋播为主。直播或育苗移栽均可。对土壤要求不严格。在幼苗长到20cm以上时需要及时设立支架使其攀爬。

园林应用　菜豆营养价值丰富并具有良好的适应性，是各地庭院和现代设施农业栽培的主要蔬菜品种之一，也可用于城市绿化。

同属植物　约50种，分布于全世界温暖地区，尤其以热带美洲最多。常见栽培还有：

荷包豆（红花菜豆）*Phaseolus coccineus*（异名：*Phaseolus multiflorus*），多年生缠绕草本。在温带地区通常作一年生作物栽培，具块根。茎长2～4m。羽状复叶具3小叶，小叶卵形或卵状菱形。花多朵生于较叶为长的总花梗上，排成总状花序，花萼阔钟形，花冠通常鲜红色，偶为白色。荚果镰状长圆形，深紫色而具红斑、黑色或红色，稀为白色。原产中美洲。我国东北、华北及西南等地有栽培。

<table>
<tr><td>1</td><td>2</td></tr>
<tr><td colspan="2">3</td></tr>
<tr><td rowspan="2">4</td><td>5</td></tr>
<tr><td>6</td></tr>
</table>

1. 架式栽培菜豆
2. 荷包豆叶片
3. 菜豆豆荚
4. 荷包豆花序
5. 荷包豆栅栏栽培应用
6. 荷包豆花和豆荚

缠枝牡丹

Calystegia dahurica f. *anestia*

旋花科打碗花属

形态特征 多年生缠绕蔓性草本。长可达6m以上，全株略具短柔毛。单叶，互生，披针形或戟形，长5～10cm，基部有2侧裂，中裂片长。单花，腋生，花梗明显长于叶柄；花萼下具2枚近膜质大苞片，花各部完全瓣化，排列不规则，花瓣边缘波皱状，鲜粉色，单朵花可开放数日；花期夏季；花后不育。

产地习性 广泛分布于美国纽约州东南部至哥伦比亚特区和密苏里州及欧、亚各地。性耐寒，喜肥沃而排水良好的沙质壤土。我国北方有栽培。

繁殖栽培 分根繁殖。根系发达而强健，生长健壮，生长期宜有较充足的水分与营养，使花繁叶茂；植株可忍受-20℃低温。

园林应用 花大而重瓣，色泽鲜亮，是我国长江以北地区极好的垂直绿化、篱垣花卉，也可用作地被植物。

同属植物 约25种，主产温带，少数热带。值得栽培观赏的还有：

旋花（篱天剑）*Calystegia sepium*，又名篱打碗花。多年生缠绕草本，茎有细棱：叶形多变，三角状卵形或宽卵形，顶端渐尖或锐尖，基部戟形或心形，全缘或基部稍伸展为具2～3个大齿缺的裂片；叶柄常短于叶片或两者近等长。花腋生，1朵，白色或有时淡红或紫色，漏斗状，冠檐微裂。分布于我国大部分地区，生于路旁、田野、山坡、林缘。适宜做坡地地被植物。

藤长苗 *Calystegia pellita*，多年生缠绕草本。茎有细棱，密被灰白色或黄褐色长柔毛。叶长圆形或长圆状线形。花腋生，单一，淡红色，漏斗状。蒴果近球形。产东北、华北及华中部分地区，生于海拔300～1700m的平原路边、田边杂草中或山坡草丛。适宜做坡地植物。

打碗花 *Calystegia hederacea*，多年生草质藤本。茎细弱，匍匐或攀缘。叶互生，叶片三角状戟形或三角状卵形，侧裂片展开，常再2裂。花蕾幼时完全包藏于花萼内，萼片5，宿存；花冠漏斗形（喇叭状），粉红色或白色，口近圆形微呈五角形。华北地区4～5月出苗，花期7～9月，果期8～10月。长江流域3～4月出苗，花果期5～7月。在我国大部分地区不结果，以根扩展繁殖。产东北、华北、华中等地。是我国温带气候区沿海地带盐碱土的指示植物。

1	3	4
2	5	

1. 缠枝牡丹花
2. 缠枝牡丹地被应用
3. 缠枝牡丹篱墙应用
4. 旋花
5. 旋花地被应用

	3	4
1	5	
2		

1. 打碗花
2. 打碗花植株
3. 藤长苗植株
4. 藤长苗花
5. 打碗花地被应用

串果藤

Sinofranchetia chinensis

木通科串果藤属

形态特征　落叶缠绕木质藤本，藤茎达10m以上，茎枝无毛，具白粉。掌状3小叶集生短枝，幼时淡红色，叶纸质，全缘或有时浅波状，顶生小叶菱状倒卵形，基部宽楔形，全缘或浅波状。总状花序腋生，下垂，长达30cm；花小，单性，雌雄同株或异株，白色，有紫色条纹。浆果近球形，熟时蓝色，可食用，成串垂悬。花期4～5月，果熟期8～9月。

产地习性　主要分布于我国云南、四川、湖北、湖南、陕西、甘肃等地。多生于海拔1000～2000m山坡阔叶林、林缘或山谷灌丛中。为我国特有单种属。喜温暖湿润气候，喜光也耐阴湿，较耐寒，适应性较强，对土壤要求不严，适生于中性、微酸性土壤上，要求疏松、肥沃、排水良好的沙壤土。

繁殖栽培　以播种繁殖为主，9月份采收成熟的种子后，经去掉果肉，净种处理，种子可干藏。种子秋季播于冷室，第二年春季发芽；或将种子低温沙藏后翌年春季播种，春播约25～30天可出苗，苗长高到4～5cm时及时分苗并稍遮阴，苗高20～30cm时搭设支架。3～4年可出圃用于园林绿化。扦插繁殖于6～7月进行，剪取当年生枝条，留半片叶，插于沙质苗床上，保持水湿，当年可生根，翌年分苗移栽。

园林应用　串果藤属大型藤本，叶茂荫浓，白色的花朵、蓝色的果实成枝成串，为长江流域地区大型棚架、亭廊、篱栏攀缘的优选材料，以欣赏其靓丽的叶片和其串串花朵及蓝紫色浆果。北方适宜温室设架栽培欣赏。

1	
2	3

1. 串果藤全株
2. 串果藤花序
3. 串果藤幼嫩枝叶

常春油麻藤

Mucuna sempervirens

蝶形花科黧豆属

形态特征 常绿木质左旋缠绕大藤本，茎长可达30m以上，老茎直径达30cm。三出羽状复叶，互生，小叶无毛，顶生小叶狭或宽椭圆形。总状花序生于老茎上，长10～36cm，深紫色或淡红色，有臭味。荚果木质，条形，密被红褐色毛。花期4～5月,果熟期9～11月。

产地习性 原产于我国西南至华南、华东等地区。自然生长在海拔300～3000m的森林中或灌丛中，与常绿阔叶乔木混生。喜光，喜温暖温润气候，适应性强，耐阴，耐干旱，耐瘠薄，抗病虫害能力强，畏严寒。对土壤要求不严，喜深厚、肥沃、排水良好的土壤。长江以南地区常见栽培。

繁殖栽培 播种、扦插繁殖。春季播种，也可随采随播。播前将种子用35℃左右温水浸泡8～10小时后，捞出稍晾干撒播，播后覆土1～2cm并搭小棚。当幼苗长到10～15cm高时，进行移栽，培育1～2年后出圃。扦插在春季抽发新梢前进行或在秋季8～9月下旬剪取半木质化充实枝条，带叶扦插，扦插后半月之内，要严防暴雨的危害，注意抗旱和防涝。常春油麻藤具有特化的攀缘器官，领先主茎缠绕其他植物或物体向上生长，生长速度快，除第一年以根系生长为主，枝叶生长较慢外，以后每年可长2～6m，生长量也是其他植物的几倍。园林修剪在花后进行。

园林应用 常春油麻藤是一种优良的大型棚架观赏植物和药用植物。作为屋顶绿化，墙面绿化，凉棚，花架，绿篱，护坡等都是极好的材料，其生态效果突出，是一种极好的垂直绿化材料。全株可供药用，有活血化瘀，舒筋活络之效。

同属植物 约160种，常见栽培的藤本还有：

白花油麻藤 *Mucuna birdwoodiana*，常绿大型木质缠绕藤本。三出羽状复叶，长17～30cm。总状花序生于老茎上或腋生，长20～38cm，有多花。花冠白色或绿白色。荚果带形，长30～45cm。产华南及华东等地，生于海拔800～2500m阳坡或林中。本种是南方温暖地区优良的庭院大型棚架观赏植物。

大果油麻藤 *Mucuna macrocarpa*，大型木质缠绕藤本。三出羽状复叶，长25～33cm。总状花序生于老茎上，长5～20cm，有多花，有臭味。花冠暗紫色。荚果带形，长26～45cm。产华南及云南等地，生于海拔800-2500m阳坡或林中。本种茎藤可观赏兼药用，是南方温暖地区药草园及庭院大型棚架观赏植物。

1		4	5
			6
2	3		7

1. 大果油麻藤花序
2. 常春油麻藤花序
3. 大果油麻藤老茎上的花序
4. 白花油麻藤老茎上的花序
5. 白花油麻藤园林应用
6. 常春油麻藤园林应用
7. 大果油麻藤园林应用

刺果藤

Buttneria aspera

梧桐科刺果藤属

形态特征 常绿木质大藤本，以藤茎缠绕方式攀缘。叶互生，广卵形、心形或近圆形，宽可达16cm，基部心形，基生脉5条。聚伞花序顶生或腋生，花小，淡黄白色，内面略带紫红色。蒴果圆球形，直径3～4cm，具短而粗的刺，被短柔毛；种子长圆形，成熟时黑色。花期春夏季。

产地习性 产广东、广西、云南。印度、越南、柬埔寨、老挝、泰国等地也有分布。生于疏林中或山谷溪旁。喜高温、高湿、阳光充足的环境生长，不耐低温。为我国热带雨林中常见藤本植物，国内尚无引种栽培。

栽培繁殖 播种繁殖或扦插繁殖。

园林应用 适宜热带地区应用于露天大型棚架栽培。根、茎入药具有祛风湿作用。

1
2
3

1. 刺果藤果实
2. 刺果藤叶片
3. 刺果藤枝条

大血藤

Sargentodoxa cuneata

大血藤科大血藤属

形态特征 落叶木质缠绕藤本，长达10m以上，径可达9cm，光滑无毛，小枝暗红色。三出复叶，或兼具单叶，顶生小叶近菱状倒卵圆形，先端尖，基部渐窄成0.6～1.5cm短柄，叶全缘，侧生小叶斜卵形，先端尖，基部内面楔形，外面截或圆，小叶无柄。总状花序长6～18cm，雌花与雄花同序或异序，同序时，雄花生于基部；花小，芳香，花瓣及萼片均为黄色。花期4～7月，果熟期7～10月。

产地习性 原产于长江以南各地及甘肃、陕西、河南等省的南部。多生于海拔400～1500m山坡灌丛、疏林中或林缘。喜温暖湿润的环境，不耐寒，长期低温易受冻害。性喜阴，在强光下叶片受害或生长不良。喜生于土壤肥沃、排水良好的中酸性土壤上。长江流域以南地区多栽培。

繁殖栽培 压条、扦插、播种等方法繁殖，以播种繁殖为主。种子于秋季果实成熟时采收，将果实摊放于阴凉处，使果实后熟，洗出种子可直接播种或经过沙藏于翌年春播；可条播或撒播，覆土约1cm，过厚影响种子发芽，播后盖草保湿。当苗长到4～5片真叶时分苗断根，促其多发生侧生根，便于今后大苗移栽。压条宜在5～7月进行，可作水平或波状压条。扦插可于夏季用半木质化充实枝条或冬春季硬枝扦插，使用生长调节剂可促进生根。修剪在冬季至初春之前进行，剪除过密枝条和病残枝条。

园林应用 大血藤长势迅速，以茎缠绕他物生长，花朵虽小，但数量繁多，且具芳香，春末至初夏开花为藤架植物增加一美景。宜栽植应用于长江以南各地，及江北部分地区的大型花架、凉棚、绿廊等架篱上。

1
2
3

1. 大血藤叶片
2. 大血藤花
3. 大血藤植株

地不容

Stephania epigaea

防己科千金藤属

形态特征 多年生草质缠绕藤本，全株无毛。块根常扁球状，较大，暗灰色。叶扁圆形，稀近圆形，先端圆或骤尖，基部稍圆形，下面稍粉白。伞形聚伞花序腋生，稍肉质常紫红色，被白粉。核果红色，肉质。花期春季，果熟期夏季。

产地习性 产于云南及四川西南部，常生于石山。喜温暖、向阳环境，耐干旱、耐贫瘠，不耐寒冷。南方常见栽培，多盆栽观赏其硕大的扁球形块根，越冬温度要求在0℃以上。

繁殖栽培 播种或分株繁殖。播种繁殖在早春进行。分株繁殖在春季植株萌芽前进行，将块根切割成数块，每块需保留1～2个芽眼，对块根切割的伤口处需消毒，以防止腐烂。伤口干爽后再重新栽植即可。栽培土壤需选用通透性良好的沙壤土。藤茎生长至20cm以上时，需及时设立支撑物供其攀缘。

园林应用 地不容又名山乌龟，适宜家庭盆栽观赏其扁球形块茎，南方地区可用于庭院的立体绿化。其块根还是常用的中药材。

同属植物 约60种，分布于亚热带及热带地区，少数产于大洋洲。常见引种栽培利用的还有：

金线吊乌龟 *Stephania cepharantha*，多年生草质藤本。块根团块状或近圆锥形，褐色，皮孔突起。小枝紫红色，纤细。单叶互生，三角状扁圆形或近圆形。花序头状，雌雄异株，花序腋生。核果宽卵圆形，成熟时紫红色。花期4～5月，果熟期6～7月。原产于我国长江以南各地，常生于海拔500～1000m的阴湿山坡、村边、旷野、林缘等石灰岩岩缝中或石砾中。全果和块根药用。

粉防己 *Stephania tetrandra*，多年生缠绕性落叶藤本，长达3m。主根肉质，柱状。单叶互生，宽三角形。花单性，雌雄异株。核果近球形，成熟时红色。花期5～6月，果熟期9～10月。原产于我国长江以南各地，多生于村边、旷野、路边灌丛中。肉质主根药用。

广西地不容 *Stephania kwangsiensis*，多年生落叶草质藤本。块根近圆球形。叶纸质，三角状圆形至近圆形，复伞形聚伞花序腋生，小花序很多，核果红色，肉质。花期5月。产于云南及广西，生于石灰岩地区；南方常见栽培。块根为常用中草药。

一文钱 *Stephania delavayi*，多年生草质落叶藤本，

藤茎纤弱，长达数米。块根硕大，扁球形，直径达30cm，外皮暗灰褐色，通常露于地面。叶互生，三角状近圆形，宽与长近相等，叶柄常与叶片近等长，盾状着生。复伞形聚伞花序腋生或生于小型叶的短枝上，花小不显著。核果红色，无毛。花期8～7月，果期8～10月。产贵州南部、四川南部，生于灌丛、园篱、路边等。南方多栽培。

千金藤 *Stephania japonica*，木质缠绕藤本，长4～5m，全株无毛；具块根，根条状，褐黄色，小枝纤细。单叶互生，近草质，叶三角状圆形或三角状宽卵形。花单性，雌雄异株，复伞形聚伞花序腋生，密集成头状，花单性，小花淡绿色。核果倒卵形或近球形，红色。花期6～7月，果熟期8～9月。产我国华中及华东部分地区，南方多作药用植物栽培。

<table>
<tr><td colspan="2">1</td><td colspan="2">7</td></tr>
<tr><td>2</td><td>3</td><td>8</td><td>9</td></tr>
<tr><td>4</td><td>5</td><td colspan="2" rowspan="2">10</td></tr>
<tr><td colspan="2">6</td></tr>
</table>

1. 地不容庭院栽培应用
2. 地不容花序
3. 地不容果序及果实
4. 金线吊乌龟花
5. 粉防己植株
6. 金线吊乌龟棚架栽培应用
7. 一文钱植株及生境
8. 粉防己果序
9. 千金藤植株
10. 千金藤果序

蝶　豆

Clitoria ternatea

蝶形花科蝶豆属

形态特征　多年生常绿草质缠绕藤本，茎、小枝细弱，藤茎可达10m。奇数羽状复叶互生，小叶5～7对，薄纸质或近膜质，宽椭圆形或有时近卵形。花大，单朵腋生，花冠蓝色、粉红色或白色，旗瓣宽倒卵形，中央有一白色或橙黄色浅晕，基部渐狭，具短瓣柄，翼瓣与龙骨瓣远较旗瓣为小，均具柄，翼瓣倒卵状长圆形，龙骨瓣椭圆形。荚果线状长圆形。花、果期7～11月。

产地习性　原产印度。喜光，性喜温暖、畏霜寒，在排水良好、疏松、肥沃土壤中生长良好。我国热带地区的广东、广西、海南、台湾、福建等地有栽培。

繁殖栽培　播种繁殖。春季播种，种子适宜发芽温度为20～30℃，种子存在硬实现象，播种前需用40～50℃温水浸烫种子，可显著提升发芽率。栽培地需选择向阳、肥沃、排水良好的土壤。随着生长应及时架设支柱或棚架供攀爬，需经常摘心以促进侧枝的发生。

园林应用　蝶豆花期长、花冠似蝶，颇为有趣，适用于热带地区的棚架、花架、围栏、篱墙立体绿化种植。其他地区只能温室栽培。

	2
1	3

1. 蝶豆的花
2. 蝶豆的园林应用
3. 蝶豆植株

多花黑鳗藤

Stephanotis floribunda

萝藦科黑鳗藤属

形态特征 又称非洲茉莉。常绿缠绕木质藤本，藤茎长达6m，少分枝。叶对生，卵形至阔卵状椭圆形，革质，具光泽，深绿色。伞房花序，腋生，花白色，花冠筒管状，先端5裂，花瓣蜡质，具浓烈的芳香气味。花期从春季至秋季。

产地习性 产马达加斯加群岛。喜光、喜高温，对土壤要求稍严格，以肥沃、排水良好的壤土或沙质壤土为佳。作为室内盆栽植物，世界各地广为栽培。冬季不低于15℃。

繁殖栽培 播种或扦插繁殖。种子适宜发芽温度18～21℃。扦插繁殖在夏季进行，剪取半木质化枝条，扦插在有底温加热的插床上。植株适宜生长温度为22～27℃，夏季不高于32℃为佳。炎热的高温季节，最好有半遮阴环境栽培。整形修剪在早春进行。

园林应用 多花黑鳗藤花期长，花朵洁白，芳香，是优良的小型棚架植物，也是室内优秀的盆栽藤本。热带地区可露地栽培。

1. 多花黑鳗藤花序
2. 多花黑鳗藤园林应用

番 薯

Ipomoea batatas

旋花科番薯属

形态特征 多年生草质藤本，做一年生栽培，地下部分具块根。藤茎平卧或上升，茎节上易生不定根，偶有缠绕，多分枝。叶互生，形状、颜色常因品种不同而异，通常宽卵形，全缘或3浅裂，基部心形或近于平截，顶端渐尖。聚伞花序腋生，花冠粉红色、白色、淡紫色或紫色，钟状或漏斗状，花期7～9月。用作观赏的品种有：‘金叶’番薯（‘Margarita’），叶片金黄色至黄绿色；‘紫叶’番薯（‘Black Heart’），叶片暗红色或铜绿色，叶背和网脉紫红色；‘花叶’番薯（‘Tricolor’），叶心形，灰绿色，具白色和粉红色斑纹。

产地习性 原产南美洲及大、小安的列斯群岛。现已广植于热带、亚热带及温带地区。喜温暖、湿润气候和阳光充足的环境，不耐严寒。对土壤要求不严，一般栽培条件都能适应。温带、亚热带地区多有栽培。

繁殖栽培 常用扦插繁殖。春季至夏季进行，枝条在20℃条件下2周生根。植物在高温、强光和水分充足的条件下，枝蔓生长迅速，作地被种植时应注意修剪，控制其生长。

园林应用 大部分番薯栽培品种是重要的粮食作物。用作栽培观赏的品种，因叶片观赏期长，生长旺盛，是城市绿化护坡、花坛及垂吊的优良材料。

同属植物 常见栽培的有：

马鞍藤 *Ipomoea pes-caprae*，多年生常绿藤本，单叶，互生，厚革质。花粉红色。花期7～8月。本种是泛

1	4	
2	5	
3	6	7

1.‘金叶’番薯地被栽培应用
2. 王妃藤庭院栽培应用
3.‘紫叶’番薯地被栽培应用
4.‘金叶’番薯花坛应用
5. 马鞍藤在热带地区海岸边地被应用
6. 马鞍藤花
7.‘花叶’番薯

热带性分布植物，几乎在世界热带地区海边都有分布。耐盐碱和海风风蚀。我国海南旅游度假酒店、宾馆的海岸边沙地常见栽培。

王妃藤（王子藤）*Ipomoea horsfalliae*，大型木质藤本，长达6m。叶互生，掌状深裂，小叶5～7，裂片倒卵形。圆锥状花序由数朵花组成，花冠玫瑰红色或淡紫色，花期12月至翌年2月。原产西印度群岛。热带地区普遍栽培，我国香港、福建等地有栽培。

五爪金龙 *Ipomoea cairica*，多年生缠绕草本，老时根上具块根。叶掌状5深裂或全裂。聚伞花序腋生，具1～3花，花冠紫红色、紫色或淡红色、偶有白色，漏斗状；花期6～10月，开花时清晨开放，中午闭合。蒴果近球形。原产热带亚洲、非洲。

圆叶牵牛 *Ipomoea purpurea*，一年生缠绕草本。叶圆卵形或阔卵形，被糙伏毛，基部心形，全缘或3裂，先端急尖或急渐尖。花序1～5朵花，花冠紫色、淡红色或白色，漏斗状。蒴果近球形。花期5～10月，果期8～11月。原产热带美洲；世界各地广泛栽培和归化。

<table>
<tr><td>1</td><td>3</td><td>4</td><td rowspan="2"></td><td colspan="2" rowspan="2">7</td></tr>
<tr><td rowspan="2">2</td><td colspan="2">5</td></tr>
<tr><td colspan="2">6</td><td>8</td><td>9</td><td>10</td></tr>
</table>

1. 五爪金龙墙垣绿化应用
2. 逸生的圆叶牵牛
3. 五爪金龙
4. 失去控制的五爪金龙
5. 圆叶牵牛花
6. 圆叶牵牛园林应用
7. 逸生的圆叶牵牛
8. 圆叶牵牛紫花
9. 圆叶牵牛红花
10. 圆叶牵牛白花

鹅绒藤
Cynanchum chinense
萝藦科鹅绒藤属

形态特征 多年生草质缠绕藤本，藤茎长达4m，全株被短柔毛。叶对生，宽三角状心形，先端渐尖，基部心形，全缘。伞状聚伞花序腋生，有花约20朵，花冠白色，辐状，具5深裂，裂片为条状披针形。蓇葖果圆柱形，种子矩圆形，顶端具白绢状种毛。花期6～8月，果期8～10月。

产地习性 产东北、华北及西北等部分地区，自然生于海拔500m以下阳坡灌丛中、河岸或田边。喜光、耐寒、耐旱。本种在我国北方多处于野生状态。

繁殖栽培 播种繁殖。本种对环境适应能力强，易于繁殖栽培。为常用中药材。

园林应用 本种植物适宜在干旱地区作为环境修复的地被覆盖植物或公路两侧的护坡绿化。

同属植物 约200多种。常见栽培的藤蔓植物有：

白首乌 *Cynanchum bungei*，多年草质缠绕藤本，藤茎长达4m。地下具粗壮块根。叶对生，戟形或卵状三角形，先端渐尖，基部耳状心形。聚伞花序伞状，小花白色或黄绿色。蓇葖果披针状圆柱形。花期6～7月，果期7～11月。产东北、华北、西北、华中及西南部分地区。本种的块根为著名的中药材，在我国江苏滨海县有大量的人工栽培。

1	
2	3
4	
5	6

1. 鹅绒藤地被应用
2. 鹅绒藤叶片及花序
3. 鹅绒藤蓇葖果及种子
4. 白首乌全株
5. 白首乌花序
6. 白首乌蓇葖果

非洲凌霄

Podranea ricasoliana

紫葳科非洲凌霄属

形态特征 又称紫芸藤。常绿缠绕或蔓生木质藤本，藤茎长达6m。奇数羽状复叶，对生，小叶7～11枚，长卵形，先端尖，基部圆形，叶缘具锯齿。顶生圆锥花序，花多数，花冠筒状，粉红至淡紫色，冠喉白色。蒴果线形，种子扁平。花期长，受栽培环境温度影响大，以夏末至秋季花期最盛。

产地习性 原产非洲南部。性喜阳光充足、温暖湿润的气候，不耐寒。近年我国热带地区有引种，华南地区可露地越冬，冬季越冬的最低温度要求在10℃以上。

繁殖栽培 播种或扦插繁殖。播种应在春季进行，适宜的播种温度为13～18℃，播后2～3周发芽。半木质化扦插繁殖在春夏季进行，剪取生长成熟并木质化的枝条，每个插穗保证有3节，插穗下口在生根剂中蘸一下，扦插床应带地温加热设施。温度保持20～25℃，插后20天即可生根。非洲凌霄生长迅速，蔓生性强，生育适宜温度为20～30℃，春、夏季为生长旺盛期。夏、秋季节开花枝条的花芽主要在当年发育充实的枝条顶端上形成，因此整形修剪需特别注意。修剪需在冬季休眠期至早春萌芽前进行，主要去除老、弱、病、残、干枯枝条和疏剪过密枝条，对发育健壮、充实的枝条原则上不短截修剪。需要更新的老藤茎和旺盛的徒长枝可进行适度的重剪和短截修剪。

园林应用 非洲凌霄枝叶繁茂，可用于布置篱墙、棚架、山石旁或绿地成丛点缀，是南方热带地区城市及庭院中优良垂直绿化材料。亚热带及长江流域以北地区只能室内栽培。

1. 非洲凌霄花序
2. 非洲凌霄的园林应用

粉花凌霄

Pandorea jasminoides

紫葳科粉花凌霄属

形态特征 又称凉亭藤。常绿缠绕木质藤本，藤茎坚韧，长达5m，多分枝。羽状复叶，对生，具5～9小叶，卵形至披针形，革质，光滑，全缘。聚伞状圆锥花序，有花数朵，小花管状，具扩展外延的裂片，径4～5cm，长达5cm，花冠白色，喉部粉红色。花期春季至夏季。蒴果长圆形，果熟期秋季。有白花品种‘Alba’；管状花喉部黄花品种‘Lady Di’；花冠粉色，管状花喉部深粉色品种‘Rosea’；粉色大花品种‘Rosea Superba’。

产地习性 原产澳大利亚的昆士兰及新南威尔士，生长在海拔3000m以下的热带雨林地区。性喜阳光充足、温暖湿润的气候及酸性沙质土壤，不耐寒。我国热带地区广为栽培。

繁殖栽培 播种或扦插繁殖。播种应在春季进行，适宜的播种温度为13～18℃。半木质化扦插繁殖在夏季进行，扦插床应带地温加热设施。粉花凌霄生长迅速，华南地区可露地越冬，短期2～3℃低温仅部分叶片受害，可耐受短时间0℃低温。冬季室内栽培气温宜保持在5℃以上。盆栽应选用疏松、肥沃的栽培基质，放置在阳光充足处，并提供结实的支撑物供藤茎攀缘。生长期间注意水肥供应，每月追施1次液体肥料。过长的藤茎，结合整形应在盛花后立即进行修剪，否则影响下年开花。

园林应用 粉花凌霄枝叶繁茂，可用于布置篱墙、棚架、山石的瀑布旁，是南方城市及庭院中优良垂直绿化材料。长江流域以北地区只能室内栽培，盆栽时设立支架，有良好观赏效果。

同属植物 同属植物约6种，国外常见栽培还有：

澳洲大白面鸽藤 *Pandorea pandorana*，常绿木质藤本，长达6m。羽状复叶，对生，通常有6对小叶，卵形至阔披针形。聚伞状圆锥花序，有花数朵，小花管状，具外延的裂片，花冠淡黄色，具紫红色条纹和斑点。花期冬季至春季。

1	3
2	
4	
5	

1. 粉花凌霄枝叶
2. 粉花凌霄花
3. 粉花凌霄攀缘棚架
4. 澳洲大白面鸽藤园林应用
5. 澳洲大白面鸽藤花序

防己

Sinomenium acutum

防己科防己属

形态特征 又称风龙。缠绕木质大藤本，长达20m。叶心状圆形或宽卵形，顶端渐尖或短尖，基部常心形，全缘，具角或5～9裂，裂片尖或钝圆，幼叶被绒毛。圆锥花序长达30cm，腋生，花单性，雌性异株，花小，不显著。核果扁球形，红或暗紫红色。花期5～6月，果熟期10月。

产地习性 原产于我国长江以南各地，陕西、河南南部也有分布，多生于海拔1800m以下的山坡、林缘、水沟边等处。性喜温暖多湿和通风良好的环境，喜光，对土壤要求不严，在土壤疏松、排水良好的各类土壤上生长良好。半耐寒，北京栽培可在小气候条件下越冬。南方多作药用植物栽培。

繁殖栽培 用播种或扦插繁殖。秋季将采收的成熟果实，堆沤数日，洗去种皮，选出种子，于通风处阴干，可秋季播种或沙藏后早春早播，春季迟播影响出苗率。当日均温度上升到18℃以上时，15～20天即可发芽出苗，幼苗长高到5～6cm时可进行分苗，加强水肥管理。当年生苗可长到50～60cm，第二年定植。扦插繁殖可于夏季或秋末进行。

园林应用 风龙为落叶大藤本，适用于庭园花架、绿廊、大型棚架和高大篱墙等处的立体种植与观赏。风龙茎为传统中药清风藤，根、茎可治风湿关节痛。枝条细长，供编制藤椅。

1. 防己叶片
2. 防己地被应用

杠 柳
Periploca sepium
萝藦科杠柳属

形态特征 落叶蔓性或缠绕藤状灌木，具乳汁，长达4m。叶对生，革质，披针形或矩圆状披针形，先端长渐尖，基部楔形，全缘，侧脉多数。二歧聚伞花序腋生，有花数朵，花冠辐状，紫红色，5裂，副花冠环状，10裂，其中5裂延伸呈丝状，顶端弯钩状，被柔毛。蓇葖果双生，长圆柱形，种子多数，顶端具种毛。花期5～6月，果期7～9月。

产地习性 主要分布在我国西北、东北、华北地区及河南、四川、江苏等地，自然生长在平原或低山丘陵的干旱山坡、沟边、固定沙地、林缘、路边等处。性喜光，耐瘠薄、耐旱、耐寒，对土壤适应性强。北方有少量引种栽培。

繁殖栽培 播种或分根繁殖。春季播种，种子适宜发芽温度为13～20℃。杠柳根蘖性强，初期生长呈直立状态，后渐匍匐或缠绕，单株栽后不久即丛生成团状，可于春季或秋季分栽大量的根蘖进行繁殖。

园林应用 杠柳具有广泛的生态适应性，是北方地区优良的固沙、水土保持树种，也可应用在山区公路两侧用于边坡的绿化覆盖，防止水土流失。其根皮可药用。

同属植物 约10种，分布于亚洲温带地区、欧洲南部及非洲热带地区。常见引种栽培的还有：

青蛇藤 *Periploca calophylla*，藤状灌木，无毛。叶椭圆状披针形，革质，侧脉纤细，密生。聚伞花序腋生，花冠辐状，内面被白色柔毛，副花冠环状，5～10裂。蓇葖果双生，长箸状。花期4～5月，果期8～9月。产西藏、四川、贵州、云南、广西及湖北等地，生于海拔2800m以下的山谷杂树林中。南方一些植物园中有引种栽培。茎药用。

黑龙骨 *Periploca forrestii*，与青蛇藤很相似，主要区别在于叶更狭长，为狭披针形。花冠黄绿色，裂片无毛。产西藏、青海、四川、贵州、云南和广西等地。生于海拔200m以下的山地疏林向阳处或阴湿的杂木林下或灌木丛中。南方一些植物园中有引种栽培。全株供药用。

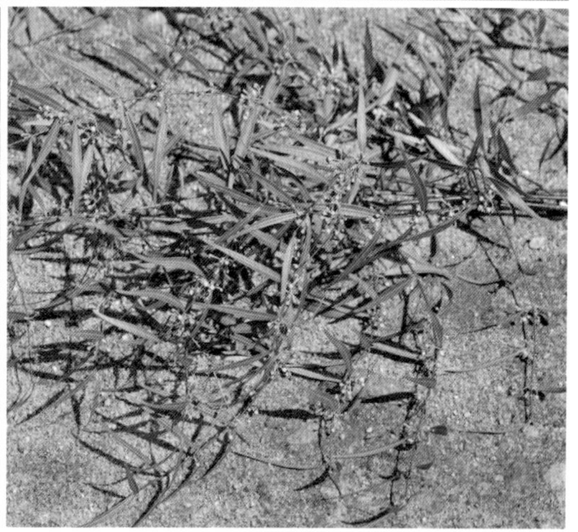

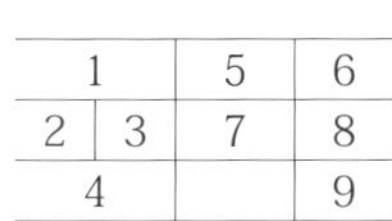

1. 杠柳初花期花色
2. 杠柳盛花期花色
3. 青蛇藤花序
4. 杠柳全株
5. 青蛇藤枝条与花序
6. 杠柳蓇葖果
7. 青蛇藤全株
8. 黑龙骨全株及生境
9. 黑龙骨蓇葖果

葛

Pueraria lobata

蝶形花科葛属

形态特征　落叶多年生木质缠绕藤本，藤茎具有极强的蔓延力，可达8m以上，全株被黄色长硬毛。地下具粗厚的块状根。羽状复叶具3小叶，顶生小叶宽卵形或斜卵形，侧生小叶斜卵形，稍小。总状花序，长达30cm，花序上花朵密集，花冠紫色。花期9～10月，果期11～12月。

产地习性　原产中国、朝鲜、日本。我国华南、华东、华中、西南、华北、东北等部分地区有广泛分布，而以东南和西南各地最多。喜光、耐寒、耐旱，喜土壤深厚处生长，但耐瘠薄，生态适应能力强。全国各地有栽培。

繁殖栽培　播种或扦插繁殖。苗圃播种育苗，最好是在温暖的6～7月进行，选择肥沃、疏松壤土，细致整地，开1m宽的高畦，30cm内播15～25粒种子，覆土1～1.5cm。扦插繁殖在夏秋季进行，利用半木质化的充实的藤蔓枝条扦插，使用激素或高锰酸钾处理插条，可提高成活率。园林中应用应适当控制其蔓延。

园林应用　葛藤分布广、适应性强，是良好的覆盖地被植物，可用于荒山、荒坡、山区公路两侧、土壤侵蚀地、石山、石砾、悬崖峭壁、复垦矿山等废弃地的绿化，也是城市大型棚架的优良绿化材料。

同属植物　约35种。常见引种栽培的还有：

苦葛 *Pueraria peduncularis*，缠绕草本。羽状复叶具3小叶，小叶卵形或斜卵形，全缘，两面毛稀少。总状花序长20～40cm，纤细，花白色至淡紫色，3～5朵簇生于花序轴的节上。荚果线形，长5～8cm，光亮，近无毛。花期8月，果期10月。产西藏、云南、四川、贵州、广西。生于荒地、杂木林中。昆明植物园有引种栽培。

<table>
<tr><td>1</td><td>3</td><td>6</td></tr>
<tr><td rowspan="2">2</td><td>4</td><td rowspan="2">7</td></tr>
<tr><td>5</td></tr>
</table>

1. 葛作地被景观
2. 葛花序
3. 葛全株
4. 苦葛果序
5. 苦葛全株
6. 葛果序
7. 苦葛果花序

鸡矢藤

Paederia scandens

茜草科鸡矢藤属

形态特征 缠绕攀缘植物。茎长3～5m。叶对生，具柄，卵形至披针形，长5～9cm，揉之有臭味，侧脉每边4～6条，纤细。聚伞花序排成圆锥状，花萼管状，萼檐裂片5，三角形；花冠筒状，浅紫色，外面被粉末状柔毛，里面被茸毛，5裂。果球形，成熟时近黄色，有光泽，小坚果无翅，浅黑色。花期8～10月，果期10～11月。

产地习性 原产中国南部地区。东亚至东南亚地区亦广泛分布。生于路边、墙边或攀缘于灌丛或树上。

繁殖栽培 种子繁殖。

园林应用 秋季大量开花结实。依靠种子和枝条的蔓延落地生根，生长枝繁叶茂，可大片攀缘于灌丛和树上，使后者缺乏光照而生长不良直至死亡，应用时要注意控制其蔓延。

1	2
3	
4	
5	

1. 鸡矢藤花
2. 鸡矢藤果
3. 鸡矢藤花序
4. 鸡矢藤全株
5. 鸡矢藤攀缘覆盖，大量蔓延生长

金钩吻

Gelsemium sempervirens

马钱科钩吻属

形态特征 又称美洲钩吻。多年生常绿缠绕藤本，藤茎纤细，长达6m，逆时针方向缠绕，带紫红色。叶对生，披针形，表面具光泽，先端渐尖，基部变窄。花单生于叶腋或成小型聚伞花序排列在有鳞片的短花梗上，花萼绿色，花冠黄色，漏斗形，顶端5裂，裂片圆形，顶端微凹，有香甜气味。蒴果，种子有膜翅。花期贯穿在整个生长季，盛花期在春季至夏季，果期夏秋季。

产地习性 主要分布美国东部和南部、墨西哥及危地马拉。喜光，亦耐半阴，喜温暖，土壤中等肥沃、湿润，但要求排水良好，可耐短时间0℃以上低温。国外栽培较为普遍，国内南方部分地区有栽培应用。

繁殖栽培 播种或扦插繁殖。春季播种，种子适宜发芽温度为13～18℃。扦插繁殖于夏季进行，剪取当年生半木质化枝条，留半片叶，并用生根粉处理，扦插于具有底温加热的扦插床上，保持湿润，扦插成活率较高。整形修剪在冬末至早春萌芽前进行，以轻度短截枝条和疏剪过密枝条为主。

园林应用 植株生长茂盛，耐修剪，花期长，具有芳香气味，是南方热带及亚热带温暖地区小型花架、棚架、亭廊、篱栏、墙垣等攀缘的上好材料。北方适宜温室设架栽培欣赏，也可盆栽观赏。

同属植物 3种，2种产美洲，1种产亚洲。可引种栽培观赏的还有：

钩吻 *Gelsemium elegans*，常绿藤本，长约12m。叶片卵状长圆形至卵状披针形，先端渐尖，基部楔形或近圆形，全缘。聚伞花序多顶生，三叉分枝，花小密集，黄色，花冠漏斗形。花期5～11月，果期7月至翌年3月。主产我国南方热带地区，其全株有毒，尤其是根、叶，主要的毒性物质是钩吻碱、胡蔓藤碱等生物碱，故民间又称其为断肠草。南方有引种栽培。

1	2
3	
4	

1. 钩吻枝条与花序
2. 钩吻花序
3. 钩吻园林应用
4. 金钩吻盆栽应用

金香藤
Pentalinon luteum
夹竹桃科金香藤属

形态特征 常绿缠绕藤本，藤茎达7m，具白色乳汁。单叶，对生，椭圆形，全缘，革质，有光泽。花腋生，花萼绿色，花冠黄色，漏斗形，上缘5裂，裂片卵圆形，顶端圆，极为醒目。花期春季至秋季，花期达3～4个月。

产地习性 原产美国佛罗里达州、西印度群岛。喜光照充足、温暖湿润环境，忌低温和长期积水。现热带地区广为栽培，我国的广东、福建及台湾等地有引种栽培。

繁殖栽培 扦插繁殖，生长季节均可进行。栽培土壤以疏松、肥沃的沙壤土为好，生育期适宜生长温度22～30℃，冬季10℃以下需预防寒害。

园林应用 金香藤属小型藤本植物，适于热带地区小型花架、栅栏、篱墙等攀缘。也可在室内柱状盆栽观赏。

金香藤全株

金钟藤

Merremia boisiana

旋花科金钟藤属

形态特征 大型缠绕草质藤本。茎圆柱形。叶近圆形，偶为卵形，顶端渐尖或骤尖，基部心形，全缘。伞房状聚伞花序腋生，多花，花冠黄色，宽漏斗状或钟状。蒴果圆锥状球形，种子宽卵形。花期春季。

产地习性 中国（海南、云南、广西）及越南、印度尼西亚、马来西亚、越南、老挝等地。生于海拔100～400m的湿润次生林中或季雨林林缘。该种生长速度非常快，一周可以长1～2m，一年可以长成40～50m，加上茎可生根，能快速覆盖大片林地。通过种子或枝条的无性繁殖。生于路边荒地或攀缘于树木上。

繁殖栽培 种子自播繁衍。枝条无性繁殖能力强，自行蔓延。

园林应用 花朵美丽，攀缘扩散能力极强，用于园林绿化时，要注意控制其藤茎蔓延。

1
2
3

1. 金钟藤花序
2. 金钟藤全株
3. 金钟藤园林应用

蓝花藤

Petrea volubilis

马鞭草科蓝花藤属

形态特征 半常绿缠绕木质藤本，藤茎达10m以上。单叶对生，粗糙，革质，卵形至椭圆形。圆锥花序单生，直立或下垂，长可达35cm。花冠管状，端偏斜5裂，蓝紫色，花萼具5大裂片，紫色至蓝紫色。花期从早春至夏季。

产地习性 原产墨西哥、中美洲及小安的列斯群岛。喜光，喜温暖湿润的气候，要求肥沃、排水良好的土壤。不耐寒，植株越冬最低温度要求在10℃以上。我国热带地区多露地栽培。

繁殖栽培 扦插繁殖为主。夏季剪取半木质化枝条，扦插于有底温加热的扦插床，保持高湿度，并适当遮阴，温度在20～25℃左右，经1～2个月可以生根。压条繁殖在秋末至冬季进行，很容易成活。蓝花藤喜排水良好的肥沃沙壤土，在弱光环境生长开花不良。花芽发育并着生在健壮的头一年枝条的上半部。整形修剪在春季盛花期过后进行。

园林应用 在广州及西双版纳等热带地区可露地栽培，是棚架、花篱的优良攀缘观花植物，也是北方寒冷地区重要的温室藤本植物。蓝花藤也可整成多种形状，开花时花序成串倒垂，非常美丽。

1	2
3	
4	5

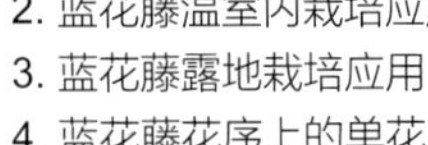

1. 蓝花藤盛花期
2. 蓝花藤温室内栽培应用
3. 蓝花藤露地栽培应用
4. 蓝花藤花序上的单花
5. 蓝花藤花序

蓝钟藤

Sollya heterophylla

海桐花科蓝钟藤属

形态特征　常绿藤本，以茎缠绕攀缘，藤茎生长缓慢，长达2m。叶窄披针形至卵形，深绿色，长达5cm。花单朵或4～9朵排成伞形花序，下垂，宽钟形，天蓝色，花期从初夏至秋季。浆果，蓝紫色，可食用，长达2.5cm。

产地习性　原产澳大利亚。喜温暖、湿润气候，喜光，亦耐半阴，喜生于疏松、肥沃、排水良好的土壤。不耐寒，植株越冬温度要求在5℃以上，可耐短时间0℃低温。国外常见栽培。

繁殖栽培　播种或扦插繁殖。播种繁殖在春季进行，种子适宜发芽温度为10～16℃。嫩枝扦插繁殖在春末或初夏进行。修剪在冬末至春初进行，对藤茎上过密的枝条进行疏剪和对正常枝条进行短截修剪，刺激形成更多新枝条，以利于当年开花更多。

园林应用　在长江流域以南地区可考虑露地引种栽培，是庭院花篱、墙垣的优良攀缘观花、观果植物，其他寒冷地区温室栽培。

1

2

1. 蓝钟藤花
2. 蓝钟藤枝叶

帘子藤
Pottsia laxiflora
夹竹桃科帘子藤属

形态特征 常绿木质缠绕藤本，藤茎达9m。枝条被短柔毛或近无毛。叶卵形、窄卵形或椭圆形，先端短尾状，基部圆或近心形。聚伞圆锥花序腋生和顶生，具多花，单花小，花冠紫红色或粉红色。蓇葖果长达55cm，径0.3～0.5cm，下垂有如门帘。花期4～8月，果期8～10月。

产地习性 产福建、湖南、广东、香港、海南、广西、贵州及云南等地，生于海拔200～1000m的山地疏林、林缘或灌丛中，攀缘树上或山坡路旁、水沟边灌木丛中。印度及东南亚也有分布。喜温暖湿润气候及半阴环境。不耐寒，适应性强，对土壤要求不严，适生于微酸性土壤上，具充足光照才能开花。南方有栽培。

繁殖栽培 播种或扦插繁殖，种子于秋季成熟时采收，采后即可播种。扦插可于春夏季，用当年或2年生枝条，将枝条剪成15～20cm，顶部保留1对叶片，并剪去一半，插入苗床中，保持土壤湿润，并保持20～25℃，约3周后即可生根，生根后半月即可移栽。帘子藤在长江流域以南广大地区可露地栽植，在北方寒冷地区需盆栽室内越冬，冬季最低温应保持5℃以上，冬季适宜生长的温度为10～15℃，盆土也不可过湿。

园林应用 帘子藤枝长，攀缘力强，花小而繁。南方地区可用于棚架、绿廊、凉棚及攀树或山石上绿化；北方地区可用于温室引种栽培观赏。

同属植物 约4种，我国有2种。可引种栽培的有：

大花帘子藤 *Pottsia grandiflora*，藤茎长达5m，茎和枝条淡绿色。叶卵圆形至椭圆状卵圆形或卵圆形，顶端急尖，基部钝至圆。聚伞花序，长达18.5cm，小花紫红色或粉红色。花期4～8月，果期8～12月。产浙江、湖南、广东、广西、云南等地。多生于海拔400～1100m的山地疏林中，或山坡路旁灌木丛中，在山谷密林中常攀缘树上。

1
2
3

1. 帘子藤花序
2. 帘子藤全株
3. 大花帘子藤

链 珠 藤

Alyxia sinensis

夹竹桃科链珠藤属

形态特征　缠绕藤状灌木，具乳汁，高达3m。叶对生或3片轮生，革质，通常圆形或卵圆形、倒卵形，边缘反卷。聚伞花序腋生或顶生，花小而密，花冠淡红色或白色，裂片卵形。果念珠状。花期4～9月，果期5～11月。

产地习性　产浙江、福建、台湾、江西、湖南、广东、海南、广西及贵州等地。生于海拔200～500m灌丛中或林缘。喜光，较耐阴，但不耐暴晒；对土壤要求不严，但喜肥沃、疏松而排水良好的沙质微酸性土壤；喜温暖湿润，不耐寒，冬季越冬的最低气温应在5℃以上。南方有少量栽培。

繁殖栽培　播种繁殖，夏秋季采收种子，当温度在24～28℃时即可露地播种，也可于翌年春季播种，播种不宜过深，以种子直径的2～3倍为宜，播种后约2～3周出苗，当苗生长到3～4对叶片时，及时分苗。植株生长开花适宜的温度为20～28℃。

园林应用　链株藤叶光滑秀丽，小巧玲珑，花期较长，果成串串念珠状，适用于长江流域以南地区布置矮篱、栅栏、亭阁、廊架或盆栽供室内观赏，形成独特的植物景观。

1	2
3	
4	

1. 链珠藤花序
2. 链珠藤成熟果实
3. 链珠藤叶片
4. 链珠藤全株

两色乌头

Aconitum alboviolaceum

毛茛科乌头属

形态特征 多年生缠绕草本，藤茎长达2.5m。基生叶与茎下部叶具长柄，茎上部叶变小，具短柄；叶为五角状肾形，3深裂稍超过中部或近中部，中裂片菱状倒梯形、宽菱形或菱形，侧裂片斜扇形，上浅裂片似中裂片，两面被极稀疏的短伏毛。总状花序，长达16cm，具3～8花，萼片淡紫或近白色；花瓣与上萼片近等长。花期8～9月。

产地习性 产黑龙江南部、吉林、辽宁、河北北部，生于海拔350～1400m山谷灌丛中或林中。俄罗斯远东地区、朝鲜有分布。喜温暖、湿润气候；喜光，耐严寒，忌炎热。对土壤要求不十分严格，喜土质疏松、土层较厚、有机质含量多的沙壤土。北方有少量引种栽培。

繁殖栽培 播种和分栽块根繁殖。播种时间为5月中旬至6月初。2年生以上的植株会分生出多个带芽眼的小块根，挖出后分别栽植即可。移栽时间为秋季9月下旬至10月中旬。7～8月高温多雨季节要作好田间排水，防止积水造成涝害，减少病害发生。

园林应用 两色乌头花形奇特，可应用于北方地区的灌丛中自然配置，也可装饰小型藤架、栅篱或墙垣。

<table>
<tr><td colspan="2">1</td><td rowspan="2" colspan="2">5</td><td></td></tr>
<tr><td>2</td><td>3</td><td></td></tr>
<tr><td colspan="2">4</td><td>6</td><td>7</td><td>8</td></tr>
</table>

1. 两色乌头全株
2. 两色乌头花序
3. 两色乌头果序
4. 瓜叶乌头全株
5. 蔓乌头藤茎
6. 瓜叶乌头花序及果序
7. 蔓乌头花
8. 蔓乌头花序

同属植物 约350种，我国有约200种。常见栽培的藤本还有：

滇西乌头 *Aconitum bulleyanum*，藤茎达1.2m。上部有时扭曲。叶片五角形，三深裂至距基部约1.5cm处，中央深裂片宽菱形，侧深裂片斜扇形。顶生总状花序约有10花，萼片紫色。花期7～9月。产云南西部。生于海拔3200～3500m一带山地林边或溪边。欧美有栽培。

瓜叶乌头 *Aconitum hemsleyanum*，茎缠绕，无毛，常带紫色，分枝。茎中部叶的叶片五角形或卵状五角形，3深裂，中裂片梯状菱形或卵状菱形，侧裂片斜扇形。总状花序生茎或分枝顶端，有10余朵花，萼片深蓝色，无毛。花期8～10月。产我国西南及华中地区，生于海拔1700～3500m山地林中或灌丛中。块根民间药用，治跌打、损伤，关节疼痛。欧美多栽培。

蔓乌头 *Aconitum volubile*，茎缠绕，有分枝。茎中部叶有柄，叶五角形，3全裂，中裂片菱状卵形，3裂或羽状深裂，侧裂片斜扇形，不等2裂达基部或近基部。花序顶生或腋生，有3～5花，萼片蓝紫色。花期8～9月。产我国东北，生于海拔200～1000m山地草坡或林中。朝鲜、俄罗斯西伯利亚有分布。欧美多栽培。

萝 藦

Metaplexis japonica

萝藦科萝藦属

形态特征 多年生草质缠绕藤本，长达8m，具乳汁。叶膜质，卵状心形，顶端短渐尖，基部心形，叶面绿色，叶背粉绿色，两面无毛。聚伞花序腋生或腋外生，具长总花梗，着花通常13～15朵,花冠白色，有淡紫红色斑纹，近辐状，花冠筒短，花冠裂片披针形，张开，顶端反折。蓇葖果纺锤形，平滑无毛，长8～9cm，径约2cm，种子扁卵圆形，顶端具白色绢质种毛。花期7～8月，果期9～12月。

产地习性 产东北、华北、西北、华中及西南部分地区，自然生育林缘荒地、山麓、河边或灌丛中。喜光，耐寒、耐旱；对土壤要求不严，适应环境能力强。多在药用植物园(区)栽培。

繁殖栽培 播种繁殖，种子发芽容易，春季可在苗床露地直播。

园林应用 萝藦观花、观果，适用于北方地区布置矮篱、栅栏及墙垣等处的立体绿化，形成独特的观花观果植物景观。根、茎可入药，为常用中草药材。

<table>
<tr><td>1</td><td>4</td><td>5</td></tr>
<tr><td>2</td><td colspan="2" rowspan="2">6</td></tr>
<tr><td>3</td></tr>
</table>

1 .萝藦花序
2. 萝藦花叶
3. 萝藦蓇葖果
4. 萝藦花
5. 萝藦种子
6. 萝藦园林应用

络 石

Trachelospermum jasminoides

夹竹桃科络石属

形态特征 常绿木质缠绕藤本，具乳汁，茎赤褐色，藤茎可达10m。单叶对生，革质，卵形、倒卵形或窄椭圆形，冬季叶片变成棕红色。聚伞花序圆锥状，顶生或腋生，花冠白色，芳香，裂片倒卵形，花冠筒与裂片等长，圆筒形，中部膨大。蓇葖果线状披针形，种子长圆形，顶端具白色绢毛，花期3～8月，果期6～12月。其变种石血*T. jasminoides* var. *heterophyllum*在园林中栽培较为普遍。它与络石的主要区别为，叶狭披针形，花白色，花期夏季，果期秋季。常见栽培品种还有‘花叶’络石‘Flame’，叶片具白色或乳黄色斑点，并带红晕。

产地习性 本种分布很广，除东北、西北、北京、天津外，全国都有分布。自然状态下多生于海拔200～1300m林缘或灌丛中，由于藤茎上易形成气生根，常缠绕于树上或攀缘于墙壁、岩石上。喜光、亦耐阴，喜温暖湿润气候，要求排水良好。半耐寒，在北京露地栽培时，在有局部的小气候条件下，生长良好。全国各地常见栽培。

繁殖栽培 以扦插繁殖为主。扦插繁殖的时间应选在4～6月，剪取当年生半成熟枝条，插于阴棚下的扦插苗床。采用播种繁殖时，播种前需将种子经2～3个月的沙藏层积处理，播后应适当遮蔽，以维持适当的温湿度。络石属半耐寒植物，在华北地区露地栽培需要利用局部环境的小气候来越冬。对土壤、肥料要求不严。冬季寒冷地区常作为温室栽培或制成盆景观赏。

<table>
<tr><td rowspan="2">1</td><td>2</td><td colspan="2">5</td></tr>
<tr><td>3</td><td>6</td><td>7</td></tr>
<tr><td colspan="2">4</td><td colspan="2">8</td></tr>
</table>

1. 锈毛络石攀附在山石上
2. 络石枝条与花序
3. 紫花络石枝条与花序
4. 络石的室内盆栽应用
5. ‘花叶’络石的园林地被应用
6. 锈毛络石花序
7. 锈毛络石攀缘栅栏
8. 络石美化墙垣

园林应用 络石适用于攀附墙壁、枯树、花柱、花廊、花亭，或专设支架，亦可点缀山石、墙壁。或盆栽置于阳台或室内观赏。

同属植物 约15种，我国产6种。可引种栽培的有：

紫花络石 *Trachelospermum axillare*，粗壮木质藤本，长达10m。叶革质，倒卵形、窄倒卵形或长椭圆形。聚伞花序腋生或近顶生，花冠紫红色，裂片窄倒卵形。蓇葖果合生，圆柱形或纺锤形。花期5～7月，果期8～10月。产长江流域以南各地，多生于海拔500～1500m灌丛或疏林中。长江流域以南地区可露地栽培。

锈毛络石 *Trachelospermum dunnii*，粗壮木质藤本，长达15m。幼枝、叶柄、叶下面、花序、花萼、蓇葖果均密被锈色柔毛。叶对生，近革质，矩圆形至椭圆状披针形。聚伞花序顶生及腋生，花冠白色，高脚碟状，花冠筒基部膨大，外面被锈色长柔毛。花期4～7月，果期9～10月。产云南、贵州、广西、湖南等地。

鹿角藤
Chonemorpha eriostylis
夹竹桃科鹿角藤属

形态特征 粗壮木质缠绕大藤本，长达30m，具丰富乳汁。叶纸质，对生，倒卵形或宽长圆形，长12～34cm。聚伞花序顶生，长12cm，有花7～15朵，花萼筒状，花冠白色，高脚碟状，裂片5枚。蓇葖果线形，被黄褐色茸毛。种子卵状披针形，顶端具白绢质种毛。花期5～7月，果期8～12月。

产地习性 产广东、广西及云南南部，生于海拔300～1000m的疏林山地及湿润山谷中。喜光，亦耐半阴，但开花较少，喜温暖湿润气候，不耐寒、不耐旱，在土层深厚、肥沃的酸性土中生长良好。广东、福建有栽培。

繁殖栽培 播种、扦插繁殖。秋季采收成熟的果实，自然风干后置于冷凉的通风处或冰箱中保存，春季当气温升至10～15℃时于室外苗床直播。扦插繁殖以3～5月为好，剪取1～2年生的枝条，剪成10～15cm的插条，保留上部叶的一半，插于沙质插床中，保持湿度80%以上，温度保持在20～25℃，约3周即可生根。整形修剪在盛花后进行，疏除过密的枝条，轻度短截开过花的枝条，刺激新梢生长并形成花芽。

园林应用 本属植物均为大型藤本植物，国内外开发利用较少，仅在原产地民间将其当作中草药来利用。鹿角藤叶茂浓密，适宜南方热带地区引种栽培，当作棚架、花廊、墙面、陡坡等处的垂直绿化材料或北方地区温室栽培。

同属植物 约15种，我国有8种。还可引种栽培的种类有：

海南鹿角藤 *Chonemorpha splendens*，藤本，长达20m。小枝、花序梗、叶背和花萼筒被淡黄色短茸毛。叶宽卵形或倒卵形。聚伞花序总状，花冠粉红色或淡红色。花期5～7月，果期8月至翌年2月。产云南、广东、海南等地。多生于海拔300～800m山谷、疏林中，常攀缘树上。福建厦门有栽培。

大叶鹿角藤 *Chonemorpha macrophylla*，藤本，长15～20m。茎和枝条粗壮，除花外全株被粗硬毛。叶大，近圆形或宽卵形。顶生聚伞花序，花白色。花期5～7月，果期秋冬季。产云南、广西等地。多生于山地阔叶密林中，林边、山坡、沟谷较潮湿的地方，攀缘树上。

1	2	3
4		
5		

1. 鹿角藤花
2. 鹿角藤枝条与花序
3. 海南鹿角藤花
4. 海南鹿角藤枝条与花序
5. 大叶鹿角藤枝条及花序

落葵薯

Anredera cordifolia

落葵科落葵薯属

形态特征　缠绕藤本，长可达数米。根状茎粗壮。叶具短柄，叶片卵形至近圆形，长2～6cm，基部圆形或心形，稍肉质，腋生小块茎（珠芽）。总状花序具多花，长7～25cm，花小，白色。花期6～10月。

产地习性　南美热带和亚热带地区；世界各地引种栽培，在温暖地区归化。喜潮湿、光照充足的环境，通常生长在沟谷边、河岸上、荒地或灌丛中。

我国南方至华北地区有栽培，在京、津地区以根状茎越冬。在重庆、贵州、湖南、广西、广东、香港、福建等地逸为野生。

繁殖栽培　该种植物腋生小块茎滚落后可长成新的植株，断枝也可繁殖。

园林应用　该种极强的扩散蔓延能力，可以用作地被护坡绿化，但要注意控制其范围。

1	
2	
3	4

1. 落葵薯花
2. 落葵薯攀缘覆盖屋顶
3. 落葵薯花序
4. 落葵薯缠绕树干景观

毛药藤

Sindechites henryi

夹竹桃科毛药藤属

形态特征 缠绕木质藤本，藤茎达8m，具乳汁。除花外全株无毛。叶对生，膜质，窄长圆形或卵形，先端长渐尖，基部楔形或圆。聚伞花序圆锥状，花冠白色，裂片卵形或宽卵形。蓇葖果双生，一长一短，线状圆柱形，长3～14cm，直径2.5～3mm，绿色，种子窄长圆形，扁平。花期5～7月，果期7～10月。

产地习性 产浙江、安徽、江西、湖北、湖南、广西、贵州、云南、四川及山西。生于海拔500～1500m山地疏林中、阳坡灌丛或沟谷密林中。喜温暖湿润的气候，喜光，喜生于土层深厚、排水良好的酸性土壤，不耐干旱、不耐寒。

繁殖栽培 播种、压条、扦插繁殖。南方地区秋季播种，第二年春季出苗。如果春季播种，种子应经过沙藏层积，或播种前用温水浸种处理1天，以促其发芽。播种后覆土不宜太深。播种后25～30天左右即可出苗，当幼苗长到3～4对叶片时分苗，1年生苗可长到50～70cm。本种植物的藤蔓粗壮，很适合水平压条，埋土部位应经过环剥刻伤处理以促进生根。春、夏、秋三季均可进行扦插繁殖。春季用硬枝扦插，夏、秋季用当年生半成熟枝扦插。毛药藤植物虽喜生于酸性土壤上，但对土壤要求并不严格，在中性和微碱性土壤上也能生长。长江流域以南地区露地栽培，北方地区应盆栽或温室栽培。

园林应用 毛药藤茎枝粗壮，枝繁叶茂，长江以南地区适合用于高大建筑物的攀缘绿化，亦可用于大型棚架、花廊的攀附绿化。北方地区多用于室内盆栽观赏。

1	2
3	

1. 毛药藤全株
2. 毛药藤花序
3. 毛药藤果序

毛鱼藤
Derris elliptica
蝶形花科鱼藤属

形态特征 攀缘状灌木，长达10m，小枝被锈色柔毛，后变无毛。羽状复叶，小叶9～13枚，厚纸质，倒卵状长圆形至倒披针形，先端锐尖，基部楔形，上面无毛或仅沿叶脉疏被毛，下面粉绿色，疏被棕色绢毛。总状花序腋生，长15～30cm，花冠淡红或白色。荚果长椭圆形，长达8cm，宽达2cm。花期4～5月，果期10～11月。

产地习性 原产印度、中南半岛、马来半岛及菲律宾。喜光，也耐半阴，喜温暖湿润气候，不耐严寒，怕干旱，喜生于疏松肥沃土壤上。台湾、广东、海南、广西及云南等地均有引种栽培。

繁殖栽培 播种或扦插繁殖。播种繁殖在春季进行。扦插繁殖在夏季进行，植株开花后，剪取半木质化发育充实枝条在插床上扦插繁殖。整形修剪在盛花期过后进行。

园林应用 毛鱼藤属大型攀缘藤蔓植物，遮阴效果好，具有较高的观赏价值，适宜我国热带和亚热带南部地区栽培在廊架、大型山石盘绕点缀种植。本种也是重要的经济植物，根部含鱼藤酮3%～13%，为本属杀虫效力最高的一种。

同属植物 约70余种，分布东南亚、大洋洲及其周围岛屿至非洲东部。我国约25种。可引种栽培的还有：

粉叶鱼藤 *Derris glauca*，藤本，小枝被柔毛。羽状复叶，小叶9～13枚，膜质，倒卵状长圆形。圆锥花序腋生，长达15cm，花冠玫瑰红色。花期4～5月，果期7～10月。产广西、海南。广东有栽培观赏。根可做杀虫剂。

鱼藤 *Derris trifoliata*，攀缘灌木，长达5m。羽状复叶，小叶（3～）5（～7），厚纸质，卵形或卵状长圆形。总状花序腋生，长5～15cm，花冠白色或粉红色。荚果圆形或斜卵形。花期4～8月，果期8～12月。产台湾、福建、海南、广东、香港及广西。观赏或全株作杀虫剂。

1	2
3	
4	

1. 鱼藤叶片
2. 毛鱼藤幼叶
3. 毛鱼藤园林应用
4. 鱼藤园林应用

猕猴桃藤山柳

Clematoclethra actinidioides

猕猴桃科藤山柳属

形态特征 落叶木质缠绕藤本，藤茎可达12m以上。叶卵形或椭圆形，先端渐尖，基部宽楔形或微心形，边缘具睫毛状细齿，很少全缘。花序具小花1～3朵，常1花，白或带红色。果近球形，熟时黑或紫红色。花期5～6月，果期7～8月。

产地习性 产河南西部、陕西、甘肃南部、宁夏南部、云南东北部、贵州东北部及四川，生于海拔2300～3000m山地林缘或灌丛中。喜凉爽湿润气候，不耐高温，不耐寒。

繁殖栽培 播种繁殖，播前需低温沙藏1～2个月，春季播种。对土壤要求不严，栽培地应选在有半阴的环境。植物在生长期间需要充足的水分供应。华中及其以南的地区可露地栽培应用，北方应作为温室植物栽培。整形修剪应在冬季进行。

园林应用 茂盛的藤茎具有良好的遮阴效果，可用于棚架、篱垣、坡地或林缘的立体绿化。亚热带地区，做露地栽培，北方可引种作为温室植物栽培。

同属植物 约21种，均产我国。本属植物虽然都是我国特有，但是在国内很少有栽培利用。国外栽培有：

藤山柳 *Clematoclethra lasioclada*，木质藤本。叶纸质，宽卵形或卵状椭圆形。花序具小花3～5花，白色。果球形。花期6月，果期8月。产我国中部地区，生于1500～3000m山地林中。

刚毛藤山柳 *Clematoclethra scandens*，木质藤本，小枝被刚毛，老枝无毛。叶纸质，卵形、长圆形、披针形或倒卵形。花序具小花3～6朵，白色。花期6月，果期7～8月。产广东、云南、贵州、四川等地，生于海拔1800～2500m山地林中。

<table>
<tr><td>1</td><td>4</td><td>5</td></tr>
<tr><td>2</td><td colspan="2" rowspan="2">6</td></tr>
<tr><td>3</td></tr>
</table>

1. 猕猴桃藤山柳全株
2. 猕猴桃藤山柳枝条与花序
3. 刚毛藤山柳枝条与叶片
4. 藤山柳枝条
5. 藤山柳果序
6. 藤山柳攀缘景观

木防己

Cocculus orbiculatus

防己科木防己属

形态特征 缠绕攀缘木质藤本。小枝被毛。叶纸质，线状披针形、窄椭圆形、近圆形、倒披针形、倒心形或卵状心形，顶端短钝尖，具小凸尖，有时微缺或2裂，全缘或3（5）裂，掌状脉3（5）。花单性，雌雄异株；聚伞状圆锥花序顶生或腋生，雄花淡黄色，雌花序较短。核果红色或紫红色，近球形。花期5～6月，果熟期9～10月。

产地习性 原产我国，除西北、东北各地外，全国均有分布，其最北可分布到辽宁省大连市。多生于海拔1500m的山地、丘陵、沟谷等。喜温暖湿润的气候环境，较耐寒，在－10℃左右的低温条件下也能越冬。对土壤要求不严，喜生于湿润、疏松、排水良好的中、酸性沙质壤土。国内引种栽培较少，国外有栽培。

繁殖栽培 播种或扦插繁殖为主。9～10月将成熟的果实采回，堆沤数日，果软熟后置水中洗出种子，阴干。种子可长期干藏。种子无明显休眠习性，当日温达18～22℃时即可播种，播种后20～25天可出苗，当年播种苗可生长至50～60cm，第二年可出圃利用。扦插繁殖于6～7月进行，取用当年生枝条。

园林应用 木防己蔓叶优美，秋季观果，适用于温带南部及亚热带地区庭院矮篱、小棚架，或山区公路两侧坡地、林缘地被种植。

同属植物 约8种，分布于美洲中部、非洲、亚洲东部、东南部及南部。国外常见引种栽培的还有：

红果防己 *Cocculus carolinus*，缠绕性藤本，茎长达4m。单叶互生，叶卵形，长达11cm，全缘或3～5浅裂，叶背具柔毛。聚伞状圆锥花序长达13cm，花淡绿色。核果近球形，果实红色。原产美洲中部。

<table>
<tr><td>1</td><td rowspan="1">4</td><td>5</td></tr>
<tr><td>2</td><td rowspan="2">6</td><td rowspan="2">7</td></tr>
<tr><td>3</td></tr>
</table>

1. 木防己花序
2. 木防己果序
3. 木防己园林应用
4. 红果防己美化栏杆
5. 红果防己地被应用
6. 红果防己果序
7. 红果防己攀缘覆盖

木玫瑰

Merremia tuberose

旋花科鱼黄草属

形态特征 多年生常绿缠绕性藤本，藤茎长达20m，木质，地下具块根。叶互生，掌状深裂，裂片5～7枚。聚伞花序顶生，有花3～9朵组成，花冠黄色，漏斗状，花径5～6cm。蒴果球形，未成熟时被花萼包住，成熟后与宿存的花萼均木质化并开裂，种子黑褐色。花期夏季、秋季，果期冬季至翌年春季。

产地习性 产于墨西哥至美洲热带地区，我国台湾、广东、广西、福建、海南、香港、云南等地多引种栽培。性喜高温及阳光充足环境，耐热、耐贫瘠，不耐寒。冬季越冬温度要求在7℃以上。

繁殖栽培 播种繁殖。播种前用清水浸泡种子1天后，直接地播。木玫瑰适应环境能力强、生长迅速，不择土壤，一般土质均可生长良好。在栽培环境条件较好的情况下应注意控制其扩张蔓延，以防止对其他植物造成危害。

园林应用 木玫瑰适应能力强，花色鲜艳，花期长，蒴果开裂后形似干燥的玫瑰花，适宜热带地区篱墙、屋顶、棚架等处的立体绿化，也是荒山、公路边坡等处生态恢复覆盖的优良地被植物。

同属植物 约80种，我国约19种。可引种栽培的藤本植物还有：

北鱼黄草 *Merremia sibirica*，多年生缠绕草本，植株各部近无毛。茎具棱。叶卵状心形。聚伞花序腋生，有3～7朵花，花冠淡红色，钟状，冠檐裂片三角形。花期秋季。产东北、华北、华中及西南等地，生于海拔600～2800m田边、路边及山坡灌丛中，大多处于野生状态，可引种用于荒坡、公路两侧绿化覆盖。

篱栏网（鱼黄草）*Merremia hederacea*，多年生缠绕草本，茎长3～6m。叶心状卵形，先端渐尖，全缘或具不规则粗齿或裂齿，稀深裂或3浅裂。聚伞花序腋生，有3～5朵花，花冠黄色，钟状。花期9～11月。产福建、台湾、江西、广东、海南、广西及云南，生于灌丛及路边草丛中，大多处于野生状态，可引种用于荒坡、公路两侧绿化覆盖。

1	3	5
2	4	6
		7

1. 木玫瑰花序和果序
2. 木玫瑰应用于园林廊架
3. 北鱼黄草花序
4. 鱼黄草枝条与花序
5. 北鱼黄草果序
6. 野生状态的鱼黄草
7. 北鱼黄草地被应用

木藤蓼

Fallopia aubertii［*Polygonum aubertii*］

蓼科蓼属

形态特征 半灌木状藤本，茎缠绕，长达4m以上。叶簇生稀互生，长卵形或卵形。圆锥状花序，腋生或顶生，苞片膜质，花被片淡绿色或白色。瘦果卵形，黑褐色，微有光泽。花期9～10月，果期10～11月。

产地习性 产我国西北及西南地区。生于海拔900～3200m的山坡草地、山谷灌丛中。喜阳光充足、湿润的环境，耐寒、耐旱、耐瘠薄。北方地区多栽培应用。

繁殖栽培 播种或扦插繁殖。春季播种，播种前先用60～70℃温水浸泡，然后常温下催芽4～5天后播种，7天后可出苗，出苗率达80%以上。扦插繁殖在生长季节均可进行，插条3周后生根。木藤蓼适应环境能力较强，生长迅速，栽种成活的植物只需进行简单的粗放管理即可。由于枝条年生长量大，可根据管理的需要，冬季落叶后进行修剪，以除去过多枝条。

园林应用 木藤蓼花色洁白、淡雅，清香四溢，生长茂盛，是北方山区公路两侧、高速公路护栏、坡地等要求粗放管理地点的优良垂直绿化材料和坡地水土保持植物材料。

同属植物 常见栽培的藤本植物还有：

何首乌 *Fallopia multiflora*，多年生缠绕草本。块根肥厚，长椭圆形，黑褐色。茎缠绕，长达4m，叶卵形或长卵形。圆锥状花序，顶生或腋生，花白色或淡绿色。花期8～9月，果期9～10月。产陕西南部、甘肃南部、华东、华中、华南、四川、云南及贵州。常作药用栽培。

<table>
<tr><td>1</td><td>3</td><td>6</td></tr>
<tr><td rowspan="2">2</td><td>4</td><td>7</td></tr>
<tr><td>5</td><td></td></tr>
</table>

1. 何首乌花序
2. 木藤蓼园林应用
3. 木藤蓼盛花期
4. 何首乌园林应用
5. 何首乌盛花期
6. 何首乌枝条与叶片
7. 木藤蓼果序

南山藤

Dregea volubilis

萝藦科南山藤属

形态特征 木质缠绕大藤本，长达数米；茎具皮孔。叶对生，宽卵形或近圆形，长7～15cm，宽5～12cm；无毛或略被柔毛，侧脉每边约4条。伞形聚伞花序腋生，倒垂，多花；花冠黄绿色，夜吐清香。蓇葖果披针状圆柱形，长12cm。花期4～9月，果期7～12月。

产地习性 产贵州、云南、广西、广东及台湾等地。印度、孟加拉国、泰国、越南、印度尼西亚和菲律宾也有分布。生海拔500m以下山地林中，常攀缘于大树上。在原产地，偶有栽培于农村中，西双版纳植物园有引种栽培。

繁殖栽培 播种或扦插繁殖。春季于冷室播种。扦插繁殖在夏末至秋季进行，剪取半木质化、发育充实的枝条进行扦插繁殖。整形修剪在盛花期过后进行，早春仅对枯死枝条和弱枝进行修剪。

园林应用 南山藤生长旺盛，萌发力强，善于攀爬，适宜热带地区屋顶、围篱、庭院花架等的立体绿化之用。其他地区只能温室栽培。其嫩叶可食，根、茎、全株药用。

1
2

1. 南山藤枝蔓与花序
2. 南山藤园林应用

南蛇藤

Celastrus orbiculatus

卫矛科南蛇藤属

形态特征 落叶藤状灌木，藤茎长达12m以上，以徒长枝条向左旋转缠绕他物攀缘生长。单叶互生，宽倒卵形、近圆形或椭圆形，基部近圆或宽楔形，具锯齿，侧脉3～5对；叶柄长1～2cm。聚伞花序腋生，间有顶生，花序长1～3cm，有1～3朵。花小，黄绿色。蒴果，近球形，直径约1cm，成熟时黄色，熟后3裂，格外醒目。花期5～6月，果熟期7～10月。

产地习性 产我国东北、华中及华南等地区，多野生于海拔450～2200m的石质山坡、灌丛中及山谷杂木林内。喜光，也能耐半阴的环境，喜温暖，但也耐严寒和耐干旱、瘠薄，对土壤要求不严。我国北方多有栽培应用。

繁殖栽培 播种繁殖。种子具有浅休眠习性，春播所用种子需经5～10℃条件下沙藏处理1～2个月，秋播种子不必沙藏。高床条播，播种量为4g/m^2，覆土厚度为1.5～2cm。南蛇藤是本属中分布最广（遍及全国大部分地区）、生态适应性最强的物种。它可在全光至半光照的环境下生长，在自然分布区内，无论是干旱向阳的石质山地，还是湿润的疏林下都能旺盛生长。因此，人工栽培管理极为容易，栽培土壤不需特殊处理。移栽季节可选在春季或夏季的雨季造林季节进行。由于南蛇藤是较大型的藤本植物并且生长旺盛，栽植的株距可适当加大，一般为1m左右。

1	2
3	
4	

1. 南蛇藤成熟果序
2. 南蛇藤花序
3. 南蛇藤应用于大型廊架美化
4. 南蛇藤地被应用

园林应用 南蛇藤是一种分布广泛，对环境适应能力强，管理粗放的木本攀缘植物，是我国南北各地，尤其是华北、西北、东北等生态环境严酷地区攀缘绿化、护坡、水土保持的理想树种。夏秋时节，花朵盛开，果实累累，是一种十分迷人的观赏植物，在庭院绿化中还可用作棚架和绿廊的装饰。

同属植物 30余种。我国有24种和2变种，均为藤状灌木，其习性、形态和应用方式等相似。较常见栽培的还有：

苦皮藤 *Celastrus angulatus*，小枝常具4～6纵棱，皮孔密生。叶长圆状宽椭圆形、宽卵形或圆形。聚伞圆锥花序顶生，长10～20cm；花期5～6月。产我国华北南部、华中、华南及西南等地，生于海拔1000～2500m山地丛林及山坡灌丛中。

灰叶南蛇藤 *Celastrus glaucophyllus*，小枝具散生皮孔。叶长圆状椭圆形、近倒卵状椭圆形或椭圆形，下面灰白色或苍白色。花序顶生或腋生。花期3～6月，果期9～10月。产甘肃南部、陕西南部、湖北、湖南、贵州、四川及云南西北部，生于海拔700～3700m混交林中。

短梗南蛇藤 *Celastrus rosthornianus*，叶椭圆形或倒卵状椭圆形，叶柄短，长为0.5～0.8cm。顶生圆锥花序。花期4～5月，果期8～10月。产华北南部边缘、华中、华南及西南的部分地区，生于海拔500～1800m山坡林缘和丛林下。

粉背南蛇藤 *Celastrus hypoleucus*，小枝具稀疏皮孔。叶椭圆形或长圆状椭圆形，上面绿色，光滑，下面粉灰色。顶生聚伞圆锥花序，花期6～8月，果期10月。产华中及西南地区，生于海拔400～2500m丛林中。

1	4	7
2	5	8
3	6	9

1. 苦皮藤
2. 苦皮藤花序
3. 苦皮藤应用于园林大型廊架栽培
4. 苦皮藤果序
5. 灰叶南蛇藤果序
6. 灰叶南蛇藤
7. 苦皮藤枝条与叶片
8. 粉背南蛇藤叶片与果序
9. 短梗南蛇藤

茑 萝

Quamoclit pennata

旋花科茑萝属

形态特征 一年生缠绕草本，藤茎可达6m。叶互生，卵形或长圆形，羽状深裂至中脉，具线形至丝状的平展的细裂片，裂片先端锐尖。花序腋生，由少数花组成聚伞花序，花冠高脚碟状，深红色，也有白、粉红或橙黄的品种，花被管柔弱，上部稍膨大，冠檐开展，5浅裂；雄蕊及花柱伸出。花期盛夏至初秋，果期秋季。

产地习性 原产热带美洲，现广布于全球温带及热带。喜温暖及阳光充足，不耐寒冷，耐半阴和干旱，对土壤要求不严，但在疏松肥沃地生长茂盛。我国各地广泛栽培。

繁殖栽培 种子繁殖，于4月初在露地苗床播种育苗，或于5月初露地直播，种子适宜发芽温度为18℃。株行距为30～80cm。幼苗生出3～4片真叶时间苗定植（盆播则进行移栽），6片叶时进行摘心，可促进分枝，使藤蔓和枝叶繁茂，开花多，反复摘心可保持矮丛状株形。应及时搭支架以便枝蔓攀缘。管理较粗放，但大苗不耐移植。栽培条件较好时，通常能自播种子，来年自行生长。

园林应用 茑萝花、叶秀美，被世界各地广泛栽培，是美丽的庭园垂直绿化植物，也可盆栽用作室内垂吊装饰或不设支架作地被绿化植物。

同属植物 常见栽培还有：

橙红茑萝（圆叶茑萝）*Quamoclit coccinea*，一年生缠绕草本。叶心形，骤尖，全缘，或边缘为多角形，或有时多角状深裂，叶脉掌状。聚伞花序腋生，有花3～6朵，花冠高脚碟状，橙红色，喉部带黄色，管细长，于喉部骤然展开，冠檐5深裂。花期夏季。产美国东南部，我国各地常见栽培。

槭叶茑萝 *Quamoclit sloteri*，本种是圆叶茑萝和茑萝的种间杂种。叶掌状深裂，裂片披针形，先端细长而尖，叶柄与叶片几等长。聚伞花序腋生，1～3花，花冠高脚碟状，较大，红至深红色，管基部狭，冠檐骤然开展，5深裂。槭叶茑萝在幼苗早期即生长迅速，开花繁多，植株粗壮。各地常见栽培。

1	4	5
2	6	
3		

1. 茑萝庭院栽培
2. 茑萝美化栅栏
3. 茑萝枝条与花序
4. 橙红茑萝枝蔓与花
5. 槭叶茑萝
6. 槭叶茑萝园林应用攀附围栏

南五味子
Kadsura longipedunculata
五味子科南五味子属

形态特征 木质缠绕藤本，全株无毛，藤茎长3～5m。单叶互生，革质或近纸质，长圆状披针形或卵状长圆形，长5～13cm，先端渐尖，基部楔形，边缘有疏锯齿。花单性，雌雄异株，单生于叶腋，花被片淡黄色，有芳香；花梗细长，花后下垂；雄蕊群球形，雄蕊30～70；雌蕊群椭圆形或球形，单雌蕊40～60。聚合果近球形，小浆果倒卵圆形，深红色至暗蓝色。花期6～9月，果熟期9～12月。

产地习性 原产于华中、华南和西南等地，多生于海拔1000m以下的山野灌木林中。喜半阴、土壤肥沃、湿度较大、排水良好的中、酸性土壤上，耐寒、耐旱性不强。南方地区有栽培。

繁殖栽培 以播种繁殖为主，也可进行扦插繁殖，种子可于每年的10月份采收，堆放后熟，洗出种子，阴干；冬播或沙藏后翌年春播，第二年早春即可分株移栽，大苗移栽时要带土坨。扦插繁殖可于3月休眠期或6～7月枝条半成熟时进行。

园林应用 南五味子叶绿枝红，花芳香，红果成串，是江南地区优良的垂直绿化材料，多用于小型的花架、花廊、门廊、花格墙、花栏杆的垂直绿化，可观赏、药用、食用，花果逗人喜爱，配植园林、风景园区，风韵别致，相得益彰。

同属植物 同属植物约16种，主产亚洲东部及东南部。我国8种。还可引种栽培的还有：

日本南五味子 *Kadsura japonica*，常绿，木质缠绕藤本。叶倒卵状椭圆形或长圆状椭圆形。花被片8～13，淡黄色。聚合果近球形，小浆果近球形，成熟时红色。花期3～8月，果熟期7～11月。产福建及台湾，多生于海拔500～2000m的山林中。

黑老虎（冷饭团）*Kadsura coccinea*，常绿木质藤本。叶革质，长椭圆形或卵状披针形，全缘。花被片10～16，红色。聚合果近球形，成熟时红色或暗紫色，直径6～10cm或更大，花期4～7月，果熟期7～11月。原产于我国长江以南各地，多生于海拔1500～2000m的山林中。

1	2
3	4
5	

1. 南五味子枝条与花
2. 南五味子果序
3. 黑老虎
4. 黑老虎花及叶片
5. 日本南五味子果序与枝条

啤酒花

Humulus lupulus

桑科葎草属

形态特征 多年生缠绕攀缘草本，茎、枝和叶柄密生茸毛和倒钩刺。叶卵形或宽卵形，先端尖，基部心形或近圆，不裂或3～5裂，具粗齿，表面密生小刺毛，背面疏生小毛和黄色腺点。雄花排列为圆锥花序；雌花每两朵生于苞片腋间；苞片呈覆瓦状排列为一近球形的穗状花序。果穗球果状，直径3～4cm；瘦果扁平，每苞腋1～2个，内藏。花期秋季。

产地习性 原产亚洲北部和东北部，美洲东部也有。新疆、四川北部(南坪)有分布，我国各地多栽培。喜冷凉，耐寒性强；忌炎热。

繁殖栽培 播种繁殖。春季于露地高畦上穴播，种子适宜的发芽温度为15～18℃，播后10～15天发芽。种苗生长适宜温度14～25℃，要求无霜期120天左右。长日照植物，喜光。不择土壤，在排水良好、土层深厚、腐殖质丰富的土壤上生长最好。

园林应用 园林中多用于攀缘花架或篱棚。花序可作为干花材料，用于室内装饰，花还可供酿造啤酒；雌花可药用，为镇静、健胃、利尿剂。

1	
2	
3	4

1. 啤酒花雄花序
2. 啤酒花
3. 啤酒花美化墙垣
4. 啤酒花花序

飘香藤

Mandevilla laxa

夹竹桃科飘香藤属

形态特征 木质缠绕藤本，藤茎长达5m，具疣状凸起物，具乳汁，多分枝，生长迅速。单叶，对生，卵形至长圆形，叶基部心形，渐尖，正面深绿色，背面灰绿色。腋生总状花序，有花5～15朵，小花管状，白色或乳白色，浓香，小花长达6cm，花冠裂片5，阔圆形，常皱褶。花期夏季至初秋。

产地习性 原产南美的秘鲁、玻利维亚、阿根廷。喜光，稍耐阴，喜排水良好、肥沃的沙质壤土。本种是该属中被栽培最广，最耐寒的一种，可耐受0℃的低温，我国广东、福建、台湾有露地栽培。

繁殖栽培 春季播种繁殖，种子适宜发芽温度为18～23℃。半木质化扦插繁殖在夏季进行，扦插在有地温加热的插床上，以利于枝条生根。本属的大部分种具地下块根，露地栽培应选择在地势高燥、排水通畅、阳光充足处。正常的修剪应在植株停止生长后至春季开始生长之前进行，可根据植株造型和生长空间的大小决定修剪的程度。即使重度修剪，也不影响植株来年开花。冬季室内栽培的适宜夜间温度为12℃，昼间温度为16～21℃；生长季节栽培的夜间适宜温度应在16℃以上。

园林应用 飘香藤枝叶繁茂，花大美丽、芳香。可种植于假山石旁来点缀园林景观；亦可攀缘于棚架或亭架，用作花廊、花门、花墙等处的绿化材料；长江以北地区室内栽培观赏。

同属植物 约120种。常见栽培的还有：

愉悦飘香藤 *Mandevilla×amabilis*，木质藤本，藤茎长达7m。单叶，对生，长椭圆形至卵状长圆形。腋生总状花序，有花可多达20朵，小花窄漏斗状，粉色，浓香。花期夏季，开花量大。冬季栽培的最低气温在10℃以上。

鸡蛋花藤（玻利维亚飘香藤）*Mandevilla boliviensis*，木质藤本，茎纤细，多分枝。单叶对生，椭圆形至长圆形或卵状椭圆形，渐尖。腋生总状花序，有花3～7朵，小花管状，白色，喉部黄色。花期夏季至初秋。产玻利维亚、厄瓜多尔。冬季栽培的最低气温在10℃以上。

艳丽飘香藤 *Mandevilla splendens*，木质藤本，多分枝，幼茎密被毛。单叶，对生，阔椭圆形。腋生总状花序，有花3～5朵，小花漏斗状，粉色，喉部黄色或白色。花期夏季。产巴西南部和东部。冬季栽培的最低气温在10℃以上。

1	
2	4
3	
5	6

1. 飘香藤枝蔓
2. 飘香藤花序
3. 艳丽飘香藤
4. 鸡蛋花藤
5. 愉悦飘香藤
6. 艳丽飘香藤花序

牵 牛

Pharbitis nil

旋花科牵牛属

形态特征 一年生缠绕草本，藤茎可达5m以上，茎上被倒向的短柔毛及杂有倒向或开展的长硬毛。叶宽卵形或近圆形，深或浅的3裂，偶5裂，基部圆，心形，中裂片长圆形或卵圆形，渐尖或骤尖，侧裂片较短，三角形，裂口锐或圆，叶面或疏或密被微硬的柔毛。花腋生，单一或通常2朵着生于花序梗顶，花冠漏斗状，蓝、紫、红、粉红、白等色，并有镶白边的变种，花冠管色淡。花期6～10月，清晨开花，中午闭合。蒴果近球形，3瓣裂。种子卵状三棱形，黑褐色或米黄色，被褐色短茸毛。栽培品种很多。

产地习性 原产美洲热带地区，现已广植于热带和亚热带地区。喜温暖、湿润气候和阳光充足的环境；不耐严寒。对土壤要求不严，一般栽培条件都能适应。我国除西北和东北的一些地区外，大部分地区都有栽培或逸生。生于海拔100～1600m的山坡灌丛、干燥河谷路边、园边、宅旁、山地路边，或为栽培。

繁殖栽培 播种繁殖。牵牛属植物的种子大部分存在硬实现象，种皮坚硬且厚，种子成熟度越高，硬实率越高。在有条件的情况下，播种前可用浓硫酸处理30～40分钟，可使硬实率下降，显著提高发芽率；如无条件，也可用50～55℃的温水浸种并搅拌至室温，保存1昼夜，然后再播种。早春播种的环境温度应在16℃以上，种子发芽适宜气温为25～30℃。秋末采种晒干贮藏，早春将处理后的种子露地直播于棚架、篱旁或在容器中育苗。幼苗长出3～5片真叶时即可移栽定植，因其枝蔓繁多，宜早设支架以便其攀缘，否则易使枝蔓过密，造成生长不良。

园林应用 牵牛适应性都很强，枝叶秀美，花大而鲜艳，是攀缘和垂直绿化的良好材料，常用于棚架、篱栅、阳台、窗台等处的装饰绿化，也可作庭园、地被绿化之用。

1. 牵牛园林应用
2. 牵牛枝蔓与叶片
3. 牵牛花

清风藤

Sabia japonica

清风藤科清风藤属

形态特征 落叶缠绕木质藤本。单叶互生，纸质，卵状椭圆形、卵形或宽卵形。花单生叶腋，或数朵排列成聚伞花序，淡黄绿色，下垂，先叶开放。核果扁倒卵形，碧蓝色。花期2～3月，果熟期4～7月。

产地习性 原产于我国陕西、河南、江苏、安徽、浙江、福建、江西、四川、贵州、广东及广西，多生于海拔800m以下山坡、水沟边或疏林中。日本有分布。喜温暖湿润气候，耐阴，较耐寒，耐旱能力较差，喜生于土壤疏松、肥沃、排水良好的沙质微酸性土壤上，碱性土壤地区生长不良。

繁殖栽培 播种繁殖为主。秋播于10月中旬进行，翌年春萌发。春播种子需经过低温沙藏处理3个月左右，春季地温上升至8～10℃时进行播种，生长一年后，春季进行分苗。北方地区播种栽培时，幼苗期需保护越冬。

园林应用 清风藤缠绕攀缘能力强，叶色浓绿光滑，用于竹篱、绿廊或攀缘于棚架，也可攀附岩石园或经修剪后点缀绿地。植株含清风藤碱甲等多种生物碱，供药用，治风湿、鹤膝、麻痹。

1		7
2	3	8
4		9
5	6	10

1. 清风藤生境
2. 清风藤成熟核果
3. 四川清风藤枝条与核果
4. 尖叶清风藤生境
5. 尖叶清风藤幼枝与叶片
6. 尖叶清风藤花序
7. 灰背清风藤枝条与叶片
8. 灰背清风藤花序
9. 簇花清风藤果序
10. 簇花清风藤花序

同属植物 约30种，可引种栽培有：

四川清风藤 *Sabia schumanniana*，落叶缠绕灌木。单叶互生，纸质，长椭圆状披针形或近长椭圆形。聚伞花序腋生，有花1～3朵，花淡绿色，钟状。核果圆球形或肾形，蓝色，有粗网纹。花期3～4月，果熟期6～8月。原产于我国华中及西南地区，多生于海拔1200～2600m山区溪边和林中。

尖叶清风藤 *Sabia swinhoei*，常绿藤本，幼枝、叶、花均被灰黄色茸毛或柔毛，叶椭圆形至宽卵形。聚伞花序有花2～7朵，花淡绿色。核果圆球形或肾形，蓝色，有网纹。花期3～4月，果熟期7～9月。原产于我国华中、华南及西南地区，多生于海拔400～2300m山谷林中。

灰背清风藤 *Sabia discolor*，落叶攀缘木质藤本，无毛。叶宽卵形，纸质，全缘，反卷，下面灰白色。聚伞花序腋生，有花2～5朵，花绿色，先叶开放。核果近圆肾形，压扁，有皱纹。产浙江南部、福建、江西、湖南、广东、广西、云南,常缠绕在乔木上。

簇花清风藤 *Sabia fasciculata*，常绿攀缘木质藤本，长达7m。叶革质，长圆形至椭圆形，先端尖。聚伞花序有花3～4朵，再排成伞房花序式，有花10～20朵，花冠钟状，淡绿色，具紫色斑纹。核果圆球形，红色后变蓝色。花期2～5月，果期5～10月。产云南东南部、广西、广东北部、福建南部。越南、缅甸北部也有分布。生于海拔600～1000m的山岩、山谷、山坡、林间。

清明花

Beaumontia grandiflora

夹竹桃科清明花属

形态特征 常绿缠绕木质藤本，藤茎长达20m。茎皮木栓质。幼时枝条有锈色柔毛，老时无毛，茎有皮孔。叶窄倒卵形或椭圆形，顶端短渐尖，幼时略被柔毛，老时渐无毛。聚伞花序顶生，长12～25cm，着花3～19朵；花大，芳香，花冠白色或淡黄色，基部粉绿色，花冠筒漏斗状。蓇葖果窄椭圆状圆柱形，内果皮亮黄色。花期4～7月，果期9～11月。

产地习性 产广西西部及云南南部，生于海拔300～1500m山地林中或沟谷、河边。喜阳光充足、温暖、湿润气候，对土壤要求不严，喜生于疏松、肥沃、沙质性壤土，喜酸性肥料。我国广东、广西、福建和香港有栽培。

繁殖栽培 繁殖以扦插为主，也可进行播种繁殖。春末夏初剪取当年生半木质化枝条扦插在20～24℃条件下，插条容易生根。播种繁殖宜在春季进行，种子在16℃的温度条件下发芽容易。在冬季植株对温度较为敏感，华南地区可露地栽培；长江流域以北地区多作盆栽观赏花卉；冬季保持土壤湿润，并不低于7℃的环境下越冬。清明花的花芽发育形成在前一年的健壮、充实的枝条上。修剪的时机应在盛花期过后及时进行；如果修剪太迟，影响枝条的营养发育和冬季花芽的形成，致使来年开花量减少。

园林应用 清明花枝叶繁茂，花大美丽、芳香。可灌丛状栽于草地、溪边、假山石旁，来点缀园林景观；亦可攀缘于棚架或亭架，用作花廊、花门、花墙等处的绿化材料。

同属植物 约9种，分布于亚洲东部及东南部。可引种栽培的有：

断肠花 *Beaumontia brevituba*，高大木质藤本，藤茎长达12m。叶窄倒卵形，叶背有柔毛。聚伞花序伞房状，顶生，有花4～5朵，花冠白色，芳香。花期春夏季，果期秋冬季。产于广西、海南。多生于海拔300～1000m山地密林中或沟边，攀缘于大树上。

云南清明花 *Beaumontia yunnanensis*，高大木质藤本。嫩枝、叶密被黄褐色柔毛，叶坚纸质，椭圆形或长圆状椭圆形。聚伞花序顶生或腋生，花冠白色，芳香，花期春夏季。

1	2
3	

1. 清明花枝条
2. 清明花花序
3. 清明花园林应用

三星果

Tristellateia australasiae

金虎尾科三星果属

形态特征 常绿木质缠绕藤本，长达10m，全株几无毛。叶对生或轮生，卵形，全缘，无毛，先端急尖或渐尖，基部圆或心形。10余朵小花组成总状花序，顶生或腋生，花鲜黄色，花蕊红色，小花径达2.5cm，翅果，星芒状。花果期全年。

产地习性 产台湾，生于近海边的林中。马来西亚、澳大利亚热带地区及太平洋诸岛有分布。性喜温暖气候，喜阳光充沛，耐旱、抗风，在热带地区生长旺盛，全年可开花。福建、广东、云南、香港、台湾有栽培。东南亚广泛栽培。

繁殖栽培 播种或扦插繁殖。秋末采集发育成熟的果序，脱去果翅及杂质后直接地播或盆播。扦插繁殖在4～6月间进行。

园林应用 三星果生长茂盛、花期长，是热带地区的庭院、凉亭、廊架、棚架等处的优良藤本绿化植物。其他地区温室栽培。

1	
2	3

1. 三星果园林应用
2. 三星果花序
3. 三星果果实

三叶木通

Akebia trifoliata

木通科木通属

形态特征 落叶木质缠绕藤本，藤茎达20m。掌状3小叶，稀4或5，小叶较大，卵圆形、宽卵圆形或长圆形，顶端圆钝、微凹或具短尖，基部圆形或宽楔形，边缘浅裂或呈波状。总状花序生于短枝叶丛中，长约6～16cm；花单性，雄花生于上部，雄蕊6；雌花花被片紫红色，具6个退化雄蕊。果实肉质，蓇葖果，长卵形，种子多数，卵形，黑色。花期春季。果熟期8～9月。

产地习性 原产于我国河南、河北、山西、山东、陕西、甘肃和长江流域各地，多生于海拔2800m以下山谷，林缘，溪边，路边阴湿处或稍干旱山坡。喜温暖湿润环境，耐半阴，对土壤要求不严，喜生于富含腐殖质的土壤上，对中性或微碱性土壤也能适应，北京植物园有引种栽培。我国暖温带和亚热带地区广泛栽培，常攀缘树上或藤架上。

繁殖栽培 以播种繁殖为主，8～9月果实即将裂开时及时采收，脱去外种皮，放于通风处阴干。种子存在休眠，播种前将种子用湿沙进行层积，约提前3个月，待早春地温升高到5～10℃时在露地苗床进行条播或撒播，播种苗2～3年即可出圃定植。压条可在初夏时节，将藤蔓压入土中，可在节下方折伤，覆土5～6cm，保持土壤湿润，翌年春季近根处切断分株。移栽以春季萌芽前为好，夏季移栽需带土球。对植株的修剪整形应在春季盛花期过后进行。

园林应用 三叶木通可配植花架、门廊或攀附花格墙、栅栏等之上或匍匐地面作坡地地被植物栽培。本种是温带及亚热带地区的优良垂直攀缘绿化植物。

同属植物 4种，分布于日本、朝鲜及中国。我国3种1亚种。常见引种栽培的还有：

木通 *Akebia quinata*，落叶或半常绿木质藤本，藤茎长达10m，幼枝淡红褐色，老枝具灰或银白色皮孔。叶掌状5小叶，稀3、4、5、6或7，倒卵形或倒卵状椭圆形，全缘或浅波状。其他形态性状与三叶木通相近。原产于华中、华西、华东以南各地，多生于海拔300～1500m的山坡灌丛或疏林沟边阴湿处。本种耐寒能力较三叶木通稍弱，可在亚热带和温带南部地区广泛栽培。

<table>
<tr><td>1</td><td>3</td><td>5</td></tr>
<tr><td rowspan="2">2</td><td>4</td><td>6</td></tr>
<tr><td></td><td>7</td></tr>
</table>

1. 三叶木通藤蔓与花序
2. 三叶木通雄花序
3. 木通果实
4. 三叶木通棚架应用
5. 三叶木通
6. 木通雌花序
7. 三叶木通

山牵牛

Thunbergia grandiflora

爵床科山牵牛属

形态特征 常绿缠绕木质大藤本，多分枝，藤茎达20m以上。叶对生，卵形、宽卵形至心形，先端急尖至锐尖，边缘有宽三角形裂片，两面粗糙。花在叶腋单生或成顶生总状花序，花大而美，花冠蓝紫色，喉部淡黄色。蒴果被短柔毛。花期夏秋季，初开蓝色，盛花浅蓝色，末花近白色。

产地习性 产广东、香港、海南、广西及云南，生于山地灌丛。印度及中南半岛有分布。性喜阳光充足及通风良好环境，亦耐半阴，在肥沃、深厚及湿润土壤生长迅速。不耐严寒，冬季越冬应在10℃以上。现热带、亚热带地区广泛栽培。

繁殖栽培 播种或扦插繁殖。播种应在春季进行，适宜温度16～18℃。扦插繁殖在春末至夏初季节进行，剪取长10～12cm的半木质化枝条扦插沙土中，插条在3周内迅速生根，雨季移栽，次年可定植。老株需要修剪，在盛花期过后进行，可将分枝剪短1/2或1/3，以使通风透光，但勿修剪过重，否则影响开花。

园林应用 山牵牛植株覆盖面大，花繁密，花期长，可用于热带地区的大型棚架、墙垣、庭院山石等处的立体绿化，也可用于图腾柱式盆栽，做室内外布置之用。

<table>
<tr><td colspan="2">1</td><td colspan="2">5</td></tr>
<tr><td>2</td><td>3</td><td colspan="2">6</td></tr>
<tr><td colspan="2">4</td><td>7</td><td>8</td></tr>
</table>

1. 山牵牛
2. 翼叶山牵牛园林应用
3. 红花山牵牛花序
4. 桂叶山牵牛花序
5. 桂叶山牵牛绿化矮墙
6. 翼叶山牵牛枝蔓与花序
7. 翼叶山牵牛
8. 黄花老鸦嘴花序

同属植物 约100种，主要分布于世界热带地区、南非和马达加斯加。国内外常见栽培的藤本还有：

翼叶山牵牛 *Thunbergia alata*，又名黑眼花，多年生缠绕草本。茎具2槽，被倒向柔毛。叶柄具翼，被疏柔毛；叶片卵状箭头形或卵状稍戟形，两面被毛。花单生叶腋，冠檐黄色，喉蓝紫色。原产非洲热带，在我国热带地区有栽培。越冬温度应在7℃以上.

桂叶山牵牛 *Thunbergia laurifolia*，常绿大藤本，藤茎达8m。枝、叶无毛。茎枝近四棱形，具沟状凸起。叶长圆形或长圆状披针形。总状花序顶生或腋生。花冠蓝紫色，喉部白色。原产中南半岛和马来半岛，我国广东、福建、台湾有栽培。

黄花老鸦嘴（黄花山牵牛）*Thunbergia mysorensis*，多年生常绿缠绕藤本，藤茎达6m。叶披针形或卵状披针形。总状花序下垂，花多数，花萼红褐色，花冠黄色。原产印度，我国广东有栽培。越冬温度应在13℃以上。

红花山牵牛 *Thunbergia coccinea*，攀缘灌木，枝条具棱。叶具叶柄，叶片宽卵形、卵形至披针形，基部圆心形，边缘具齿。总状花序顶生或腋生，长可达35cm，下垂，每苞腋着生1～3朵花；花冠红色，花冠管和喉间缢缩，冠檐裂片近圆形。蒴果无毛。产云南中南部和西藏东南部。生于海拔850～960m山地林中。印度及中南半岛北部也有分布。花极美丽，应加大引种栽培力度。

山 橙

Melodinus suaveolens

夹竹桃科山橙属

形态特征 缠绕木质藤本，长达10m，具乳汁。叶革质，椭圆形或卵圆形，先端渐尖，基部楔形或圆。聚伞花序顶生或腋生，花小，芳香，花冠白色，裂片近圆、镰刀形，近顶端具缺刻。浆果球形，直径5～8cm，成熟时橙黄色或橙红色。花期5～11月，果期8～12月。

产地习性 产福建、广东、香港、海南及广西等地。生于海拔100～500m稀疏林地或灌丛，常攀缘树木或石壁上。喜温暖湿润气候，尤喜夏季高温潮湿，耐荫蔽，不耐寒、不耐干旱，在0℃或微霜时叶片受害，越冬要求在8℃以上。我国热带地区有少量栽培。

繁殖栽培 用播种、扦插繁殖。春季在15～20℃的气温下播种，在25～28℃的温度条件下发芽较快。苗高5cm时，及时分苗。扦插以春夏季为好，剪取1～2年生枝条做插条，扦插于素沙土中，在20～28℃的条件下，约3周即可生根。山橙对土壤要求不严，喜生于富含腐殖质疏松、肥沃的微酸性沙质壤土上。适宜生长的土壤pH值5.5～7。

园林应用 山橙以其果似橙又生于山野而得名，花香果美，是南方热带地区庭院垂直绿化的优良植物。可植于庭院棚架，或林下溪畔、池旁，亦可攀缘于树枝或岩石上。北方地区盆栽供室内观赏。

同属植物 约50种，我国有12种。可引种栽培的有：

川山橙 *Melodinus hemsleyanus*，粗壮木质藤本，长8m，具乳汁。叶近革质，椭圆形或长圆形。聚伞花序顶生，花冠白色。浆果椭圆状纺锤形，熟时橙黄色或橘红色。花期5～8月，果期7～12月。产贵州、四川、湖北及云南，生于海拔500～1500m的山地疏林中。

思茅山橙 *Melodinus henryi*，粗壮木质藤本。叶近革质，椭圆状长圆形至披针形，先端急尖或渐尖，基部楔形，侧脉多数。聚伞花序，着花稠密；花冠白色，裂片卵圆形。浆果长椭圆形，长达9cm。花期4～5月，果期9～11月。产云南南部。泰国、缅甸也有。生山地林中，海拔760～2800m。

薄叶山橙 *Melodinus tenuicaudatus*，攀缘灌木，长1.5～2m。叶薄膜质，无毛，长圆形，基部楔形，顶端窄尾状，侧脉纤细。聚伞花序伞形状，顶生，着花3～5朵；花冠白色，高脚碟状，花冠裂片长圆形。浆果长圆状，长6.5～7cm，两端渐尖或基部钝。花期5～9月，果期9月～翌年3月。产广西和云南等地。生山地密林中或灌木丛中，海拔750～1800m。

1	2
3	4
5	6
	7

1. 川山橙枝条与花序
2. 山橙花序
3. 思茅山橙枝条与花序
4. 思茅山橙花序
5. 思茅山橙浆果
6. 薄叶山橙枝条与浆果
7. 山橙浆果

蛇藤

Hibbertia scandens

五桠果科钮扣花属

形态特征 又称攀缘钮扣花、束蕊花。常绿缠绕木质藤本，藤茎长达6m，略带红褐色，幼枝被丝状毛。叶椭圆形至卵形，革质，略有光泽，全缘或近顶端具浅锯齿，叶背有白色丝状毛。花单朵，生于枝条顶部，黄色，径5～7cm。花期从春季至秋季，以春夏季最盛。

产地习性 产澳大利亚昆士兰州和新威尔士州，生长在海岸边。喜温暖、湿润气候，喜光，耐半阴环境，不耐寒。国外常见栽培，我国广东、福建、上海等地有引种栽培。

繁殖栽培 播种或扦插繁殖。春季播种，种子适宜发芽温度为19～24℃。扦插繁殖在夏末进行，剪取半木质化枝条扦插，成活率高。栽培基质应选择肥沃、排水良好的土壤。植株越冬要求的最低气温为5℃以上。整形修剪在花后进行。

园林应用 蛇藤生长茂盛，耐修剪、花期长，花色鲜艳，适宜南方地区种植在花架、围栏及墙垣等处作垂直绿化。

同属植物 约120种常绿乔木、灌木及藤本植物，主要分布于澳大利亚的沙地、灌丛中。常见引种的藤本还有：

楔瓣蛇藤 *Hibbertia cuneiformis*，与蛇藤近似，区别主要在于该种花瓣基部狭窄楔形，先端明显微凹或具短尖，可与上种区别。花深黄色，栽培方式基本类似，但本种耐阴、耐沙生环境。

1	
2	3

1. 蛇藤花
2. 蛇藤园林应用
3. 楔瓣蛇藤枝条与花

参薯

Dioscorea alata

薯蓣科薯蓣属

形态特征 多年生缠绕草质藤本。野生块茎多为长圆柱形，栽培块茎圆锥形或球形。茎右旋，常有4条窄翅，基部有时有刺。单叶，在茎下部的互生，中部以上的对生，绿色或带紫红色，纸质，卵形至卵圆形，先端短渐尖、尾尖或凸尖，基部心形、深心形至箭形，有时为戟形，两耳钝，两面无毛；叶腋内有大小不等的珠芽，珠芽多为球形、卵形或倒卵形。雌雄异株；雄花序为穗状圆锥花序，淡绿色；雌花序为穗状花序，1～3个着生于叶腋。蒴果三棱状扁圆形，种子四周有膜质翅。花期11月至翌年1月，果期12月至翌年1月。

产地习性 原产印度至马来西亚半岛。喜光，也稍耐阴，喜肥沃、湿润、富含腐殖质的深厚沙壤土，要求排水良好。我国华东、中南、西南等许多地区栽培。冬季越冬温度要求在5℃以上。

繁殖栽培 播种，分栽块茎或珠芽繁殖。播种或分栽珠芽在春季进行，适宜发芽温度为19～24℃。分栽块茎在植株休眠期进行。

园林应用 可应用于长江流域以南地区的庭院棚架、护栏、墙垣及山石的立体绿化。其块茎用作保健食品栽培。

同属植物 约600余种，广布于热带至温带地区。常见栽培的还有：

花叶薯蓣 *Dioscorea discolor*，多年生常绿缠绕藤本，藤茎达3m。叶心形或卵形，先端尖，上面橄榄绿色，沿叶脉两侧具有大理石状银色、淡绿色、棕色花纹，叶脉粉色，叶背紫色。花小，绿色，花期夏季。产南美热带地区，多做室内盆栽观叶植物栽培。越冬温度要求在13℃以上。

南非龟甲龙（大象脚）*Dioscorea elephantipes*，落叶多年生缠绕藤本，藤茎长达1m。具半地下的金字塔形或半球形木质块茎，块茎上有数条纵棱，直径达90cm。叶心形或肾形。花黄绿色，有深色斑点，花期夏季。产南非，多做盆栽或布置在旱生植物区，观赏硕大的块茎。越冬温度要求在10℃以上。

墨西哥龟甲龙 *Dioscorea macrostachya*，与南非龟甲龙非常近似，尤其茎干非常相似，仅墨西哥龟甲龙的块状根略显扁平，二者主要区别在于叶形不同，墨西哥龟甲龙叶大，心形，叶脉7～9条，叶尖显著较长，而南

非龟甲龙叶小，心形三角状，叶脉5～7条，先端圆钝。墨西哥龟甲龙为“夏型”种，即冬季休眠，栽培要求不同，需要仔细区别。

薯蓣 *Dioscorea polystachya*，草质缠绕藤本，长可达1m。块茎略呈圆柱形，垂直生长。茎右旋，光滑无毛。单叶互生，形状变化较大。雄花序穗状，花小。蒴果翅半月形。各地栽培或野生；朝鲜、日本也有。块茎食用。

穿龙薯蓣 *Dioscorea nipponica*，多年生缠绕草本。根状茎粗壮，圆柱形，横走。叶具长柄，卵形，基部心形，边缘3～5裂，下面叶脉隆起。花雌雄异株，雄花序穗状，单一；雌花序穗状，下垂。花小钟形，淡黄绿色，6基数。蒴果倒卵形，具三翅。花期5～7月，果期7～9月。北方山区常见，植物园有引种栽培，亦有栽培做药者，以根状茎入药或提取药用成分。

<table>
<tr><td>1</td><td colspan="2">4</td></tr>
<tr><td rowspan="2">2</td><td>5</td><td rowspan="2">7</td></tr>
<tr><td>6</td></tr>
<tr><td>3</td><td>8</td><td>9</td></tr>
</table>

1. 参薯藤茎窄翅
2. 参薯叶丛
3. 南非龟甲龙盆栽应用
4. 墨西哥龟甲龙温室栽培应用
5. 墨西哥龟甲龙块茎
6. 薯蓣叶子
7. 墨西哥龟甲龙藤茎与叶片
8. 薯蓣雌花序
9. 薯蓣果序

1	
2	3
	4

1. 薯蓣全株
2. 穿龙薯蓣果序
3. 穿龙薯蓣生境
4. 薯蓣雄花序

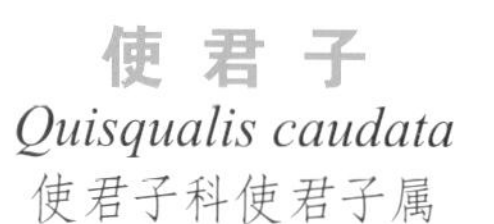

使君子

Quisqualis caudata

使君子科使君子属

形态特征　常绿木质缠绕藤状灌木，藤茎达10m以上。叶对生，卵形或椭圆形，先端渐尖，基部钝圆。顶生穗状花序组成伞房状，花大，花冠筒细长，有香气，初开白色，后渐渐转红色。果卵圆形，具5条锐棱，熟时暗棕色。花期5～9月，果期9～10月。

产地习性　主要分布于我国长江以南。印度、缅甸、菲律宾也有分布。喜温暖、湿润气候，怕严重霜冻，冬季温度要求在5℃以上。对土壤要求不严，但以肥沃、湿润的微酸性土壤为佳。

繁殖栽培　播种或扦插繁殖。秋季采收成熟的种子后，随采随播或混湿沙储藏早春播种，种子适宜发芽温度为18℃。扦插繁殖于春末进行，剪取当年生半木质化枝条，留半片叶，并用生根粉处理，扦插于具有底温加热的扦插床上，保持湿润，2个月可生根。整形修剪在冬末至早春萌芽前进行。

园林应用　使君子攀附力强，花期长，花多、色艳、芳香，是南方温暖地区花架、棚架、亭廊、篱栏、墙垣及老树等攀缘的上好材料。北方适宜温室设架栽培欣赏。

1	2	
3		
4		5

1. 使君子美化庭院
2. 使君子攀缘花架
3. 使君子园林应用
4. 使君子花序
5. 使君子果实和叶片

四棱豆

Psophocarpus tetragonolobus

蝶形花科四棱豆属

形态特征　一年生或多年生攀缘草本。茎长2～3m或更长，具块根。叶为具3小叶的羽状复叶，小叶卵状三角形，全缘，先端急尖或渐尖，基部截平或圆形。总状花序腋生，长1～10cm，有花2～10朵；花萼绿色，钟状，旗瓣圆形，外淡绿，内浅蓝，翼瓣倒卵形，浅蓝色，龙骨瓣稍内弯，基部具圆形的耳，白色而略染浅蓝。荚果四棱状，长10～25（～40）cm，宽2～3.5cm，黄绿色或绿色，翅宽0.3～1cm，边缘具锯齿；花期9～11月，果期10～11月。

产地习性　原产热带，已有近4个世纪的栽培历史，主要分布于东南亚及西非地区。我国种植四棱豆已有100多年的历史，主要产地在云南、贵州、四川、广西、广东、海南、台湾等地。四棱豆属短日照植物，对光照长短反应敏感，喜温暖多湿，有一定的抗旱能力，但不耐长久干旱。对土壤要求不严格，以肥沃的沙壤土结出的嫩荚产量和品质最佳。

繁殖栽培　以种子繁殖为主。四棱豆不耐霜冻，气温在20℃以上时播种为宜。种子皮较坚硬，不易发芽，为提高发芽率，可用55℃的温水浸泡15分钟，然后用清水浸种24小时，捞出，用湿纱布包好，在28～30℃条件下催芽。待种子“露白”即可播种。定植株距为80～85cm，行距为30～35cm。

园林应用　四棱豆具有丰富的营养价值，属保健型蔬菜，备受人们青睐，是南方栽培的重要反季节蔬菜品种之一。也可用作绿化装饰。

1
2
3

1. 四棱豆庭院栽培应用
2. 四棱豆豆荚
3. 四棱豆花序

田旋花

Convolvulus arvensis

旋花科旋花属

形态特征 多年生草质缠绕或茎平卧藤本，近无毛。根状茎横走。叶戟形或箭形，全缘或3裂，先端近圆或微尖，有小突尖头；中裂片卵状椭圆形、狭三角形、披针状椭圆形或线形；侧裂片开展或呈耳形。花1～3朵腋生，花冠漏斗形，粉红色、白色，长约2cm。蒴果球形或圆锥状，种子椭圆形，无毛。花期5～8月，果期7～9月。

产地习性 分布于东北、华北、西北及山东、江苏、河南、四川、西藏等地。自然生于耕地、路边、荒坡草地及村边路旁。性喜光照充足，耐寒、耐旱、耐贫瘠，对环境适应能力强。北方地区有少量栽培，主要用作管理粗放的公路中间分隔带及护坡地被绿化。

繁殖栽培 通过根茎和种子繁殖、传播。种子可由鸟类和哺乳动物取食进行远距离传播。该种植物对环境适应能力强，在水肥条件较好时，可迅速成片生长，有可能对农作物造成危害。它还是小地老虎第一代幼虫的寄主。

园林应用 田旋花生长旺盛，对环境适应能力强，可引种用于北方生态环境严酷地区的地被覆盖绿化。

1
2
3

1. 田旋花花序
2. 田旋花景观
3. 田旋花在道路中间分隔带作地被绿化

藤本忍冬

Lonicera spp.

忍冬科忍冬属

形态特征 落叶或常绿的多年生木质缠绕性藤本。单叶对生，纸质、厚纸质至革质，全缘，极少数具齿或分裂，有时花序下的1～2对叶相连成盘状。花通常成对生于腋生的总花梗顶端，简称“双花”，或花无柄而呈轮状排列于小枝顶，每轮3～6朵。花冠白色（或由白色转为黄色）、黄色、淡红色或紫红色，钟状、筒状或漏斗状，整齐或近整齐5（～4）裂，或二唇形而上唇4裂，花冠筒长或短，基部常成一侧肿大或具浅或深的囊，很少有长距。花期春季或夏季。果实为浆果，红色、蓝黑色或黑色，具少数或多数种子；种子具浑圆的胚。

产地习性 忍冬属植物约有200种，产北美洲、欧洲、亚洲和非洲北部的温带和亚热带地区。我国产98种，广布于全国各地，而以西南部种类最多，其中缠绕灌木有33种及变种，大多分布于西南地区海拔从数百米至几千米。既有落叶类型，又有常绿类型。

原始种（变种）在原生地多生长在林缘、路边和稀疏的林下。因此藤本类忍冬适应性强，对光的要求并非十分严格，喜光但也稍耐半阴的环境。对土壤肥力和质地要求不严格，但需生长在排水良好的地段。喜温暖湿润的气候，北方冬季寒冷且干燥的地区栽培应避开迎风面或风口的地方。西南亚高山和秦岭等地分布的部分野生资源，经过逐步引种驯化，有望在北方温带地区栽培成功。

繁殖栽培 扦插繁殖为主，也可播种繁殖。藤本忍冬扦插生根较为容易，通常采用半木质化枝条扦插繁殖。扦插基质采用干净的河沙，插床地温保持在24～26℃的条件下约3～4周即可生根，生根成活率为90%以上。另外，在秋季利用充分木质化的枝条扦插在日光型塑料大棚内，第二年早春移出苗床，生根率也可高达80%以上。

忍冬属植物除杂交（种）和栽培品种外，大多可用种子繁殖。由于种子休眠情况复杂，某些种有种皮及胚两种休眠，而另一些则完全没有休眠，即使在同种内的种子也存在着变异性。因此使得某些种类采用种子繁殖较为困难。为了促进种子发芽，一般情况下种子需要在4℃条件下沙藏2～3月，然后在露地苗床上春播，可显著提高种子发芽率和出苗率。

1	4	
2	5	6
3		

1. 盘叶忍冬园林应用
2. 金银花初花期
3. 金银花盛花期
4. 淡红忍冬盛花期
5. 金银花花序
6. 淡红忍冬果序

园林应用　藤本类型忍冬适应性较强，花色丰富，花期长，是我国各地城市立体垂直绿化难得的优良植物材料，可定植在各种造型的花架、栅栏边，使枝蔓攀缘其上，也可孤植使其蔓生或群植作地被使用。艳丽的花朵生于盘状绿叶中，会产生意想不到的美感。对那些分布广、适应性强的国产野生资源，如金银花、红白忍冬等还可用于大环境绿化及干旱地区的水土保持。

常见栽培的种及杂交种

盘叶忍冬 *Lonicera tragophylla*，落叶木质藤本，缠绕藤蔓可达5m。叶纸质，长圆形或卵状长圆形，长4～12cm，花序下方1～2对叶的基部合成圆形或圆形盘，聚伞花序密集成头状花序。有花6～18朵，小花长6～9cm，聚生于小枝顶端，鲜黄色。花期4-5月。产我国中部和西南部地区，自然生长在海拔700～2500m的林下、灌丛中或河滩旁岩缝中，适应性很强，可在半阴至全光照下栽培。华北地区有引种栽培。

忍冬（金银花）*Lonicera japonica*，半常绿藤本；幼枝暗红褐色，密被糙毛。叶纸质，卵形至矩圆状卵形，有糙缘毛，上面深绿色，下面淡绿色。总花梗通常单生于小枝上部叶腋，花冠白色，有时基部向阳面呈微红，后变黄色，长3～4.5cm，果实圆形，熟时蓝黑色。种子卵圆形或椭圆形。花期4～6月，果熟期10～11月。全国大部分地区均有分布。常生于山坡灌丛或疏林中、乱石堆、路旁及村庄篱笆边，海拔最高达1500m。其变种红白忍冬 var. *chinensis* 常绿藤本，幼叶带紫红色。花冠外面紫红色，内面白色。产安徽（岳西）。国内普遍栽培。

淡红忍冬 *Lonicera acuminata*，落叶或半常绿藤本。叶薄革质至革质，卵状矩圆形、矩圆状披针形至条状披针形，顶端长渐尖至短尖，基部圆至心形，有时宽楔形或截形，两面被疏或密的糙毛或至少上面中脉有棕黄色短糙伏毛，有缘毛。双花在小枝顶端集合成近伞房状花序或单生于小枝上部叶腋，花冠黄白色而有红晕，漏斗状。花期6月，果熟期10～11月。主产我国中部及西南部的亚热带地区，生于海拔（500～）1000～3200m的山坡和山谷的林中、林间空地或灌丛中。本种生长的生态环境条件变化也很大，有很多生态类型。欧洲广为栽培利用，我国亚热带地区有栽培，北京可在小环境下露地栽培越冬。

蔓生盘叶忍冬 *Lonicera caprifolium*，耐寒落叶藤本，茎长达8m。茎上部的小叶合生形成盘状，小花长4～5cm，白至乳黄色带粉红色晕。花期4～6月，原产欧洲及西亚。北京有引种栽培。

贯月忍冬 *Lonicera sempervirens*，常绿或落叶藤本，茎长达8m，花深橘红色，花期仲夏至秋天。有黄花栽培类型f. *sulphurea*。原产北美，我国南方部分地区有栽培。北京有栽培，并可露地越冬。

香忍冬（藤本忍冬）*Lonicera periclymenum*，落叶耐寒藤本,茎达 6 m。叶片卵形、椭圆形或矩形，光滑或具毛。顶生花序初开乳黄色，盛开淡黄色，小花长4～5cm，花具浓香，花期6～8月。果实红色。原产欧洲、西亚、北非。欧美从本种中优选出一些栽培品种，这些品种的小花外侧多为紫色、紫红色或黄色，常见品种有：'Belgica'，花紫红色，主要集中在春末至夏初和夏末这两段时间；'Graham Thomas'此品种最大特点为花期长，花鲜黄色；'Serotina'花深紫红色，花期7～10月。北京有引种栽培。

黄花忍冬 *Lonicera flava*，落叶耐寒藤本，茎长达 5 m。叶近圆形，长6～9cm，叶背灰绿色。开花枝上的小叶基部合生，顶端一对叶片变大成碗形。黄色的花序着生在这对碗形的叶片之上，每个花序由15～20朵小花构成。花期5～6月。原产美国东南部。

台尔曼忍冬 *Lonicera × tellmanniana*，是贯月忍冬和盘叶忍冬杂交后获得的杂种。落叶藤本，长可达6m，花序密集着生于枝顶端，小花长5cm，鲜黄带橘红色，盛花期5～6月。盛花期过后，随着新梢的生长仍不断有花盛开。它适宜在半阴至全光照下栽培，我国北方地区栽培较多。

布朗忍冬 *Lonicera × brownii*，它是贯月忍冬和毛忍冬的种间杂种，具有多季开花的特点，在小气候条件下，叶片可保持常绿。半常绿木质藤本，植株形态上更接近贯月忍冬，植株高达4～5m，花序密集，小花4～5cm，鲜橘红色，次年1月落叶，花期4～9月，第一次盛花为4月下旬

1	3	5
2		6
4		7

1. 贯月忍冬花序
2. 贯月忍冬浆果
3. 贯月忍冬盛花期
4. 贯月忍冬攀缘篱栅形成绿墙
5. 蔓生盘叶忍冬花序
6. 蔓生盘叶忍冬美化栅栏
7. 香忍冬盛花期

<table>
<tr><td>1</td><td>2</td><td>4</td><td>7</td></tr>
<tr><td colspan="2" rowspan="2">3</td><td>5</td><td rowspan="2">8</td></tr>
<tr><td>6</td></tr>
</table>

1.‘Graham Thomas’忍冬花序
2.‘Graham Thomas’忍冬盛花期
3.‘Graham Thomas’忍冬装饰栏杆
4. 台尔曼忍冬花序及叶片
5. 台尔曼忍冬花序
6. 台尔曼忍冬初花期
7. 台尔曼忍冬盛花期
8. 台尔曼忍冬花架

1	2	5	
3	4	6	7
		8	9

1. 布朗忍冬形成的花篱
2. 布朗忍冬花拱门造型
3. 布朗忍冬园林应用
4. 布朗忍冬盛花期
5. ‘火焰’忍冬园林应用
6. ‘火焰’忍冬美化铁栅
7. ‘火焰’忍冬花序
8. ‘火焰’忍冬盛花期
9. ‘火焰’忍冬园林应用

至5月中旬，花后3～4周又出现较整齐的2次花；以后花不太整齐。在小气候条件下，叶片可保持常绿。其栽培品种‘垂红’忍冬‘Dropmore Scarlet’具有花色艳，花期长的特性。它适宜在全光照下栽培，北方地区栽培落叶期在1月中旬。我国温带地区有引种栽培。

美洲忍冬 *Lonicera × americana*，是蔓生盘叶忍冬和地中海忍冬*L. etrusca*的种间杂种，较好地继承了其双亲的特点。落叶木质藤本，在理想的栽培条件下藤蔓可生长到10m。其花序更接近蔓生盘叶忍冬，单花径大而下垂，单朵花长 4 ～ 5 cm，强烈二唇裂；花蕾期紫红色，盛开时白色，末花期时逐渐变为深黄色；花期5～ 9 月，主花期 5 ～ 6 月。

海氏忍冬 *Lonicera × heckrottii*，本种可能是美洲杂种忍冬与贯月忍冬的杂交后代。落叶或半常绿大型缠绕藤本，长达5m。叶对生，矩圆形至卵形或椭圆形，深绿色，长15cm，花序下的对生叶片合生成盘状。花管状，2唇裂，长4cm，外花被粉红色，内花被橘黄色，芳香，果实红色。花期7～9月。栽培品种很多，在欧美广为栽培应用。较常见的品种有：‘火焰’‘Golden Flame’和‘American Beauty’。我国有引种栽培。

长距忍冬 *Lonicera calcarata*，全体无毛。叶革质，矩圆形。总花梗直而扁；叶状苞片2枚，圆卵形；花冠先黄白色后变橙红色，长约3cm，唇形，筒宽短，基部有1长弯距。果实红色。花期4～5月，果熟期6～7月。产四川、西藏、云南、贵州和广西。生林下、林缘或溪沟旁灌丛中，海拔1200～2500m。该种花美丽，温暖地区可引种栽培。

<table>
<tr><td>1</td><td rowspan="2">3</td></tr>
<tr><td>2</td></tr>
<tr><td colspan="2">4</td></tr>
</table>

1. 长距忍冬枝条和花蕾
2. ‘火焰’忍冬初花期
3. 海氏忍冬盛花期
4. 长距忍冬园林应用

无须藤

Hosiea sinensis

茶茱萸科无须藤属

形态特征 缠绕攀缘藤本，茎蔓长可达10m，茎皮具明显皮孔，幼枝顶端被黄色微柔毛。叶卵形、三角状卵形或卵状心形。疏生聚伞花序，花淡黄绿色。核果扁椭圆形，长1～2cm，成熟时红或红棕色。花期4～5月，果熟期6～8月。

产地习性 原产浙江南部、湖北西部及西南部、湖南西北部、四川中部及东南部，多生于海拔1200～2100m的林中或缠绕树上。喜温暖湿润气候，喜阳、较耐阴，耐寒性较差，喜生于疏松、肥沃、排水良好的酸性土壤上。

繁殖栽培 用播种繁殖，7～8月间采收成熟的红色果实，在室内堆沤数日，使果肉软化，手搓洗出种子，阴干后备用，种子不宜干藏，采后即播，种子于第二年出苗，加强水肥管理，当年苗可长到40～50cm，翌年早春分苗。

园林应用 无须藤生长迅速，茎叶茂盛，茎蔓披散，春花秋实，适宜攀缘花架、绿廊，也可用于低矮竹篱或蔓延山石间，长江流域地区做观果藤本，北方地区室内盆栽。

1	
2	3

1. 无须藤攀缘景观
2. 无须藤花序
3. 无须藤枝条与叶片

网络崖豆藤

Millettia reticulata

［*Callerya reticulate*］

蝶形花科崖豆藤属

形态特征 又称网络鸡血藤。木质缠绕常绿藤本，藤茎达5m以上。奇数羽状复叶互生，小叶3～4对，小叶卵状长椭圆形或长圆形，先端钝，渐尖或微凹缺，基部圆形。圆锥花序顶生或着生枝梢叶腋，常下垂，花密集，单生于分枝上，花冠红紫色。荚果线形，狭长，果瓣薄而硬，开裂后卷曲。花期5～11月。

产地习性 产江苏、安徽、浙江、江西、福建、台湾、湖北、湖南、广东、香港、海南、广西、贵州、云南、四川及陕西东南部。生于山地灌丛及沟谷，海拔1000m以下地带。越南北部也有分布。喜光，喜温暖湿润气候，耐干旱瘠薄，适应性强，不耐寒，越冬温度要求在5℃以上。世界各地园林广泛栽培。

繁殖栽培 播种或扦插繁殖。干燥的种子具有硬实现象，影响播种发芽率，播种繁殖应在种子成熟后即播，可大大增加种子发芽率。扦插繁殖在夏季进行，剪取半木质化枝条扦插在有底温加热的插床上进行繁殖，插条的生根率可达85%以上。修剪在开花后进行，主要短截开花后的枝条，剪除过密枝条和病残枝条，以刺激新梢生长，为下年开花做准备。

园林应用 枝叶繁茂，四季常青，花果观赏期长，长江流域以南地区可露地栽培，用于攀缘棚架、花廊、假山和墙垣, 也可整形成景观灌木, 还可用于高速公路护坡绿化, 可形成独特的景观, 也可以植于堤岸、坡地和林缘用作地被植物。

同属植物 120种，分布于热带和亚热带非洲、亚洲、大洋洲及美洲。引种栽培的藤本植物还有：

厚果崖豆藤 *Millettia pachycarpa*，大型常绿木质缠绕藤本，长达15m。羽状复叶，小叶6～8对，长圆状椭圆形至长圆状披针形，新叶红褐色。总状圆锥花序，淡紫色。荚果深褐黄色，长圆形。花期4～6月，果期6～11月。产我国华东、中南、西南地区及东南亚地区。

美丽崖豆藤（美丽鸡血藤）*Millettia speciosa*［*Callerya speciosa*］，常绿木质藤本，长达3m。羽状复叶，小叶通常6对。圆锥花序腋生，常聚集枝梢成带叶的大型花序，花大，白色、米黄色至淡红色，有香气。花期7～10月，果期次年2月。产福建、湖南、广东、香港、海南、广西、贵州、云南。生于海拔1000m以下杂木林缘。越南也有分布。

<table>
<tr><td>1</td><td rowspan="2"></td><td rowspan="2">5</td></tr>
<tr><td>2</td></tr>
<tr><td>3</td><td>4</td><td>6</td></tr>
</table>

1. 网络崖豆藤
2. 厚果崖豆藤枝条与荚果
3. 厚果崖豆藤花序
4. 网络崖豆藤花枝
5. 美丽崖豆藤自然生长
6. 美丽崖豆藤花序与叶片

文 竹

Asparagus plumosus

百合科天门冬属

形态特征 缠绕性常绿藤本，藤茎长达3m，分枝极多。叶状枝常10～13成簇，刚毛状；鳞片状叶基部稍具刺状距或距不明显。花常1～3(4)腋生，白色，有短梗。浆果球形，成熟时紫黑色。

产地习性 产非洲南部。性喜温暖、湿润、半遮阴的环境，不耐寒、不耐旱，要求排水良好、肥沃、疏松的沙质壤土。冬季室内越冬温度保持在5～10℃即可，低于3℃植株即会死亡。世界各地广泛栽培。

繁殖栽培 播种或分株繁殖。播种前先用60℃的水将种子浸泡24小时，播于苗床或3寸花盆中，覆土0.5cm，在20～25℃条件下，约4～6周可发芽。当苗长至4～5cm时移植，8～10cm时可上盆。分株繁殖用于4～5年生苗，分株可在春、秋季翻盆时将株丛掰开，丛密的植株可分3～5丛，一般分为2～3丛即可，多做室内盆栽。如需垂直绿化可选室内向阳处地栽或桶栽，这样可使生长旺盛，枝条修长，搭架牵引，使枝条攀附即可。

园林应用 文竹姿态优雅，是亚热带以北地区盆栽的优良观叶植物，置于书桌、茶几，令人赏心悦目。热带地区可露地栽培用于小型花架、护栏或山石的绿化。

同属植物 约300种，常见栽培的还有：

非洲天门冬（非洲文竹）*Asparagus densiflorus*，本种与文竹的区别：亚灌木，轻微缠绕攀缘，藤茎达1m。叶状枝扁平，线形，长1～3cm；鳞叶基部具长3～5mm硬刺，分枝鳞叶无刺；总状花序具10余花。原产非洲南部。我国各地公园有栽培。

攀缘天门冬 *Asparagus brachyphyllus*，攀缘藤本植物，藤茎长达1m。鳞叶基部有刺状短距。花腋生，淡紫褐色。花期5～6月，果期8月。产我国东北、华北等地，生于海拔800～2000m山坡、田边或灌丛中。耐寒，适应性强。

天门冬 *Asparagus cochinchinensis*，多年生草质藤本，藤茎长达2m。叶状枝，通常3枚成簇，扁平，叶鳞片状，基部具硬刺。花期5～6月，果期8～10月。产华北、东北、华东、中南及西南地区。各地有栽培。

<table>
<tr><td rowspan="2">1</td><td colspan="2" rowspan="2">3</td><td>7</td></tr>
<tr><td>8</td></tr>
<tr><td rowspan="2">2</td><td>4</td><td>5</td><td rowspan="2">9</td></tr>
<tr><td colspan="2">6</td></tr>
</table>

1. 文竹温室栽培
2. 文竹花序
3. 非洲天门冬
4. 攀缘天门冬花序
5. 攀缘天门冬浆果
6. 天门冬
7. 非洲天门冬花序
8. 非洲天门冬浆果
9. 攀缘天门冬景观

西藏吊灯花

Ceropegia pubescens

萝藦科吊灯花属

形态特征 草质藤本，长达3m以上。叶对生，膜质，卵圆形，先端渐尖，基部近圆形，两面亮绿色，叶面被长柔毛。聚伞花序腋生，着花约8朵；花萼深5裂，裂片披针形；花冠膜质，长达5cm，筒部紫色，基部椭圆状膨胀，檐部黄色，裂片钻状披针形，端部内折而黏合。蓇葖线状披针形，长约13cm。花期7～9月，果期10～11月。

产地习性 产四川、西藏、贵州和云南等地。分布于缅甸、印度、不丹、尼泊尔等处。自然分布于海拔2000～3200m常绿阔叶林或杂木林的林缘，山坡灌丛，山坡林缘等处。性喜温暖、湿润、半阴环境，不耐寒。

繁殖栽培 播种繁殖。播种应在春季进行，适宜温度16～24℃。栽培基质应选择疏松、肥沃的壤土。

园林应用 吊灯花花形奇特、美丽，寒冷地区适宜引种开发做小型盆栽植物观赏，温暖地区做庭院小型攀缘植物栽培。

同属植物 约170种，分布于非洲、亚洲和大洋洲。可引种栽培的还有：

长叶吊灯花 *Ceropegia dolichophylla*，茎柔细，长约1m。叶线状披针形。花单生或2～7朵集生；花冠褐红色，裂片顶端黏合。蓇葖狭披针形，长约10cm。花期7～8月，果期9月。产四川、贵州、云南和广西等地。生于海拔500～1000m山地密林中。

巴东吊灯花 *Ceropegia driophila*，株高0.7～1.3m。叶长圆形。聚伞花序着花2～8朵；花萼裂片线形渐尖；花冠暗红色，全长2.5cm，裂片舌状长圆形，顶端黏合，有缘毛。花期6月。产湖北。生于海拔600～900m灌木丛中。

金雀马尾参 *Ceropegia mairei*，多年生草本，茎上部缠绕，高达35cm。叶直立展开，椭圆形。聚伞花序近无梗，少花；花冠长约3cm，近圆形，花冠筒近圆筒状，花冠喉部略为膨大，裂片舌状长圆形。花期5月。产四川、贵州、云南。生于海拔1000～2300m山地石缝中。

1	3	4
	5	6
2		7

1. 西藏吊灯花花序
2. 西藏吊灯花花序与叶片
3. 长叶吊灯花枝条与花
4. 巴东吊灯花枝条与花
5. 长叶吊灯花
6. 金雀马尾参枝条与花
7. 长叶吊灯花自然生长

香花藤

Aganosma marginata

夹竹桃科香花藤属

形态特征 缠绕木质藤本，藤茎达8m，有乳汁。单叶对生，长圆形，先端渐尖或尾尖，基部宽楔形或圆。聚伞花序腋生，花冠漏斗状，裂片窄披针形，白或黄色，芳香。蓇葖果，圆柱形。花期3～9月，果期6～12月。

产地习性 产广东及海南，生于山地、丘陵的山坡疏林中或林缘或海边沙地灌丛中。印度及东南亚各国有分布。性喜温暖、湿润、向阳的环境，较耐阴，喜深厚肥沃，排水良好的微酸性沙质壤土，不耐寒。

繁殖培栽 播种繁殖为主。秋季将采收的种子，去除杂质，露地直接播种。也可将新鲜种子进行沙藏于春季播种。肥水等栽培条件较好的苗圃地当年生苗可长到50～70cm，第二年春季将播种苗另行分栽。压条可于夏秋季。扦插繁殖于春、夏、秋季均可。长江流域以南地区可以露地栽培。

园林应用 香花藤花白色、芳香，叶片常绿，适宜南方地区作庭院花架和花廊的垂直绿化材料。北方地区室内栽培供观赏。

同属植物 约12种，我国产5种，可引种栽培的还有：

广西香花藤 *Aganosma siamensis*，藤茎长达10m，有乳汁。幼枝及花序被短柔毛。叶纸质，椭圆形或窄椭圆形。聚伞花序顶生，长约10cm，具花9～15朵；花冠白色。花期5～6月。产广西、贵州及云南，生于海拔300～1500m山地密林或沟谷疏林中。全株入药，治水肿。

海南香花藤 *Aganosma schlechteriana*，藤茎长达9m，幼枝被短柔毛。叶革质，椭圆形、窄椭圆形或卵形。聚伞花序顶生，花冠白色，裂片倒卵形。花期3～7月，果期8～12月。产海南、广西、贵州、云南及四川，生于海拔200～1800m山地疏林或灌丛中。

广西香花藤

小叶买麻藤

Gnetum parvifolium

买麻藤科买麻藤属

形态特征 常绿木质缠绕藤本，藤茎长达12m，较细弱，皮孔明显。叶对生，革质，椭圆形至狭椭圆形或长倒卵形。雌雄异株，球花成穗状，顶生或腋生。种子核果状，长椭圆形或窄长圆状倒卵形，成熟时肉质假种皮红色。

产地习性 分布福建、江西、湖南、广东、海南及广西，生于海拔100～1000m山谷、山坡疏林中。喜温暖、半阴环境，不耐寒，忌烈日暴晒。为重要的经济植物，南方部分植物园有引种栽培。

繁殖栽培 播种或扦插繁殖。播种繁殖在秋季种子成熟后，随采随播。扦插繁殖在春末至初秋剪取当年生的半木质化成熟枝条进行扦插，插穗生根的适宜温度为20～28℃，扦插后必须保持空气的相对湿度在75%～85%，并对扦插床遮阴，保留光照50%左右。修剪在冬季进行，剪除瘦弱、病虫、枯死、过密等枝条，也可结合扦插对枝条进行整理。

园林应用 小叶买麻藤攀爬能力强，秋季串串红色果实具有良好的观赏效果，适宜长江中下游以南地区露地引种栽培，布置于大型棚架、花廊、园林山石及大树旁攀爬绿化。

同属植物 约30种，产于亚洲、非洲、南美洲的热带及亚热带地区。常见引种栽培的还有：

买麻藤 *Gnetum montanum*，常绿缠绕性木质大藤本。叶片长圆形，稀长圆状披针形或椭圆形。雌雄异株，球花排成穗状花序。种子核果状，长圆状卵圆形或长圆形，熟时假种皮黄褐色或红褐色或被银色鳞斑。分布于云南南部、广西南部、福建、广东、香港、海南，生于海拔200～2700m林中。东南亚也有分布。

1	2
3	
4	

1. 小叶买麻藤
2. 小叶买麻藤果序
3. 买麻藤
4. 买麻藤枝条与果序

羊乳

Codonopsis lanceolata

桔梗科党参属

形态特征　多年生缠绕草本，有白色乳汁和特殊臭气，藤茎细长，带紫色，光滑无毛，长可达1.5m。根粗壮肥大，倒卵状纺锤形。着生于茎上的叶较小，互生，着生于小枝上的叶通常2～4片，簇生或轮生，椭圆形，长圆状披针形或披针形，先端渐尖或短尾尖，基部楔形，边缘有微波状浅齿，两面无毛。花单生或对生于小枝顶端，花冠宽钟状，反卷，黄绿色或乳白色，内有暗紫色斑点。蒴果圆锥形，淡紫色，种子多数，先端有膜质翅。花果期7～8月。

产地习性　分布于中国东北、华北、华东和中南各地，生于山地灌木林下、沟边阴湿地或阔叶林内。耐寒，喜半阴、湿润，在排水良好、疏松、肥沃土壤中生长良好。国外当作观赏植物引种栽培，国内多作药用植物栽培。

繁殖栽培　播种繁殖。春季播种，栽培地需选择肥沃、湿润且排水良好的土壤。

园林应用　羊乳耐寒，花型奇特，适宜北方地区中草药园种植展示，也适宜在岩石园或林缘坡地作为观赏植物覆盖护坡。其根茎为常用的中药材。

同属植物　约40种，分布于亚洲东部和中部。常见栽培的还有：

党参 *Codonopsis pilosula*，多年生缠绕草本，茎多分枝。根常肥大呈长圆柱形。叶在主茎及侧枝上互生，在小枝上近对生，卵形或窄卵形。花单生于枝端，花冠阔钟形，黄绿色，内面有明显紫斑。花果期7～10月。分布于东北、华北、西北及西南等地区，其根为著名的常用中药材。国内多有栽培，播种繁殖，2年后可收获地下根。

鸡蛋参 *Codonopsis convolvulacea*，根块状，近于卵球状或卵状。茎缠绕，长可达1m余。叶互生，条形至卵圆形，全缘或具齿。花单生于主茎及侧枝顶端；花萼裂片狭三角状披针形；花冠辐状而近于5全裂，淡蓝色或蓝紫色，裂片椭圆形。蒴果短圆锥状。花果期7～10月。产我国西南地区，分布广泛，变异大。花美丽，值得引种栽培。

<table>
<tr><td>1</td><td colspan="2">3</td><td rowspan="2">6</td></tr>
<tr><td rowspan="2">2</td><td>4</td><td>5</td></tr>
<tr><td colspan="2"></td><td>7</td></tr>
</table>

1. 党参藤茎与花
2. 党参美化墙垣
3. 鸡蛋参藤茎与花
4. 鸡蛋参花
5. 羊乳花
6. 羊乳藤茎与叶片
7. 党参花与花蕾

野木瓜

Stauntonia chinensis

木通科野木瓜属

形态特征 又称七叶莲。常绿缠绕木质藤本。掌状复叶，小叶5～7，革质，长圆形、长圆状披针形或倒卵状椭圆形，先端长渐尖，基部宽楔形或近圆，老叶下面斑点明显。伞房花序具花3～5朵，腋生，花淡黄或乳白色，内面有紫斑，花雌雄异株，同型，具异臭。果实浆果状，椭圆形，熟时橙黄色。花期3～4月，果期9～10月。

产地习性 产我国福建、广东、香港、海南、广西、云南东南部，多生于海拔300～1500m的常绿阔叶林下、山谷、林缘灌丛中。常攀缘于树上，喜温暖湿润的环境条件，喜光亦耐半阴，不耐寒，喜生于微酸、多腐殖质的中、酸性土壤上。

繁殖栽培 播种或压条繁殖，9月份采收果实，取出种子，洗净阴干沙藏，第二年早春气温升高至13～16℃以上时进行播种，当年苗可长到50～100cm。3～4年后可出圃用于园林绿化。压条可在6月雨季进行，成活率较高，约1个月可生根。第二年分苗。露地园林栽培应选择全光至半阴环境，排水良好、疏松肥沃的土壤。修剪应在春季植株盛花期后结合整形进行。

园林应用 野木瓜四季常绿，具有靓丽的掌状复叶，秋季结出橙黄色果实，适应于热带地区庭院小花架、棚架、花廊及小园林山石覆盖，姿态优雅，叶形、叶色别有风趣。

同属植物 约13种，我国12种。可引种栽培的还有：

日本野木瓜（六叶野木瓜）*Stauntonia hexaphylla*，常绿木质藤本，藤茎达10m，掌状复叶，小叶5～7枚，椭圆形或卵状椭圆形，叶革质，全缘。雌雄同株，伞房花序，具花3～6朵，花期4～5月，果实成熟时暗紫红色，裂开后果肉甘甜可食，成熟期7～8月。产朝鲜半岛南部和日本，多生于温暖的山地丛林中。

羊瓜藤 *Stauntonia duclouxii*，常绿木质藤本，枝条具纵条纹。掌状复叶，小叶5～7，叶柄有时很粗壮；小叶倒卵形或倒卵状长圆形。伞房花序数个腋生，具3～7花，花大，黄绿或乳白色。果黄色，卵圆形。

1	
2	
3	4

1. 野木瓜浆果
2. 野木瓜景观
3. 野木瓜雄花序
4. 野木瓜雌花序

夜来香

Telosma cordata

萝藦科夜来香属

形态特征 柔弱缠绕藤本，藤茎长达10m。叶对生，卵形，先端渐尖，基部深心形，全缘。聚伞花序伞状，腋生，有花多至30朵，花冠黄绿色，有清香气，夜间更甚。蓇葖果柱状披针形，种子宽卵形。花期5～10月，果期10～12月。

产地习性 产我国广东、广西，生于山地树林或灌丛中。喜温暖、湿润、阳光充足、通风良好、土壤疏松肥沃的环境，耐旱、耐瘠薄，不耐寒、不耐湿涝。我国南方各地有栽培。越冬温度要求在5℃以上。

繁殖栽培 扦插繁殖为主。扦插在夏季进行，剪取成熟的半木质化枝条，将插穗修剪成长8～12cm的茎段，上面带有2～3个芽，扦插前用生根粉处理插条，将处理过的插条扦插在有地温加热的插床上，温度控制在20～24℃，空气相对湿度为80%～90%，有利于生根。栽培管理中需搭设棚架，植株上棚后要及时打顶，促使多分枝，并加施肥料，花谢后应将枯死枝和过密枝条剪去，对徒长枝进行短截处理。

园林应用 夜来香对环境适应能力强、枝条细长，夏秋开花，黄绿色花朵傍晚开放，飘出阵阵扑鼻浓香，适宜南方地区布置庭院、窗前、塘边和亭畔。寒冷地区可供盆栽观赏。

<table>
<tr><td rowspan="2">1</td><td>2</td></tr>
<tr><td>3</td></tr>
<tr><td colspan="2">4</td></tr>
</table>

1. 夜来香藤茎及叶片
2. 夜来香花序
3. 夜来香蓇葖果
4. 夜来香园林应用

鹰爪枫

Holboellia coriacea

木通科鹰爪枫属（八月瓜属）

形态特征 常绿缠绕攀缘藤本，长达7m，幼枝淡绿色，茎枝及叶柄具细纵棱。掌状3小叶，椭圆或矩圆形，革质，叶缘反卷，具半透明蜡带，下面粉绿色。伞房状花序疏散，长3～11cm，具5～8朵花。花单性，雄花白色或下部淡紫色，雌花紫红色。果长圆形,淡紫色，花期4～5月，果熟期9～10月。

产地习性 原产于我国长江以南各地，多生于海拔400～1800m山谷、溪边、山坡灌丛中或林缘。喜温暖湿润气候，耐阴，耐寒性较差，喜生于通风、凉爽、湿润的环境，在疏松、肥沃、排水良好、富含腐殖质的沙性壤土上生长良好。我国亚热带及以南地区可露地栽培。

繁殖栽培 以播种繁殖为主，当果实9～10月成熟时，将果实采回堆放数日，取出种子洗净、阴干，种子可秋播，或将种子沙藏后至翌年春播，可采用条播或撒播，播后覆土2～3cm，约15～25天发芽出土，实生苗3～4年即可出圃。压条于春夏季进行，第二年春季断苗，与母体分离。扦插于夏季6～7月进行，8～9月即可生根，第二年移苗。整形修剪在盛花期过后进行。

园林应用 鹰爪枫小叶如鹰爪，茎蔓缠绕适于攀缘，紫白相间的花朵，清香四溢，适用于花架、花廊、棚架等处的立体绿化。

同属植物 约11种。引种栽培的有：

五叶瓜藤 *Holboellia angustifolia*，异名*H. fargesii*，常绿木质藤本，藤茎长可达6m。掌状复叶，小叶5～7，狭长椭圆形至倒卵状披针形，叶背灰白色。花单性，雄花绿白色，雌花紫色，果实矩圆形，成熟后紫色。花期4～5月，果熟期8～9月。

牛姆瓜 *Holboellia grandiflora*，常绿缠绕藤本，藤茎长达5m。掌状复叶5～7小叶，革质，长圆形、卵形、倒卵形，叶背灰绿色。总状伞房花序，花白色或淡紫白色，微芳香；雌雄同株。花期4～5月，果期7～9月。原产于我国云南、四川、贵州等地。多生于海拔1100～3800m林地、溪边。

1	
2	
3	4

1. 牛姆瓜藤茎及雄花序
2. 鹰爪枫
3. 五叶瓜藤花序及叶片
4. 五叶瓜藤藤茎及雄花序

智利钟花
Lapageria rosea
百合科智利钟花属

形态特征 常绿缠绕木质藤本。单叶互生，卵形，深绿色。花单生，或2～3朵生于上部枝条的叶腋处，长钟状，下垂，肉质，粉红色至红色；花期夏季至深秋。

产地习性 产智利。喜温暖、湿润及半阴环境。要求排水良好、中性至酸性土壤上生长。我国有少量引种栽培。

繁殖栽培 播种繁殖于早春进行。播种前需先浸种48小时；发芽适温13～18℃。也可于夏末选取半木质化的枝条进行扦插繁殖。植株适宜生长温度为20～25℃，冬季寒冷地区常做低温温室盆栽植物栽培，冬季无霜地区可露地栽培。

园林应用 智利钟花因其鲜艳、下垂的钟状花朵被热带地区当做篱墙、栅栏、小型棚架的攀缘植物，其他地区可盆栽观赏。

1	
2	3

1. 智利钟花园林应用
2. 智利钟花花序
3. 智利钟花藤茎

中华猕猴桃

Actinidia chinensis

猕猴桃科猕猴桃属

形态特征　落叶缠绕木质藤本。幼枝被白色毛，后脱落无毛。叶片纸质，营养枝的叶片宽卵圆形或卵圆形，先端短渐尖或骤尖；花枝的叶片近圆形，先端钝圆、微凹或平截。正面仅叶脉有疏毛，背面密生灰棕色星状茸毛。聚伞花序1～3花，花开时白色，后变黄色；果黄褐色，近球形，被灰白色茸毛。花期4～5月；果期9～11月。

产地习性　产我国中部、中南部及西南部各地，生于海拔200～600m山地林内、灌丛中。较耐寒，喜阳光，稍耐阴，幼苗则喜阴凉，怕强光直射，对土壤的适应能力强。世界各地广为栽培。

繁殖栽培　播种或嫁接繁殖。播种繁殖时，播前需经过低温沙藏3～4周，于春季3月下旬至4月上旬播种。嫁接繁殖常用来培育优良品种无性系的大苗，用播种繁殖的实生苗作为砧木，在早春萌发前进行枝接或根接。大苗移植在春季树液流动前或秋季进行，中、小苗需多留宿土，大苗需带土球。中华猕猴桃开花结实习性大致为：种子实生苗3～6年开花，7～8年进入盛果期；嫁接苗2～3年开花结实，4～5年进入盛果期。盛果期可维持40年左右。栽培中每年的冬季需修剪整枝，调整树形。

园林应用　猕猴桃蔓藤虬攀，花色雅丽，果实圆大，是花果兼备的攀缘绿化植物。园林中适用于花架、绿廊、绿门配植，也可以任其攀附树上或山石陡壁。

1	4	7
2	5	8
3	6	9

1. 软枣猕猴桃雌花
2. 软枣猕猴桃枝条及叶片
3. 软枣猕猴桃浆果
4. 软枣猕猴桃生境
5. 中华猕猴桃浆果
6. 狗枣猕猴桃雄花序
7. 中华猕猴桃雌花
8. 中华猕猴桃棚架栽培应用
9. 狗枣猕猴桃叶片

同属植物 约64种，产亚洲，分布于马来西亚至俄罗斯西伯利亚东部的广阔地带。常见引种栽培有：

软枣猕猴桃 *Actinidia arguta*，落叶木质大藤本，藤茎可达30m以上。叶片膜质至纸质，宽卵圆形或宽倒卵形，背面在脉腋有淡棕色或灰白色柔毛，其余无毛。浆果球形到矩圆形，光滑。产我国东北及中部地区。北方园林中多有栽培。

狗枣猕猴桃 *Actinidia kolomikta*，大型落叶木质藤本。叶膜质至薄纸质，卵形至矩圆状卵形，深绿色；幼叶带紫色，后在叶顶部逐渐变成白色与粉色。雌花或两性花单生，通常白色或有时粉红色；果矩圆形或球形，无斑，成熟时淡橘黄色，具深色纵纹。花期5～7月；果期9～10月。产我国东北、华中及西南部。全国各地园林中常见栽培。

美味猕猴桃 *Actinidia deliciosa*，落叶木质藤本。叶倒卵形或倒宽卵形，上面沿叶脉有黄褐色长硬毛，背面叶脉被长硬毛，脉间密被星状毛；叶柄被黄褐色长硬毛。浆果近球形、圆锥形或倒卵形，长5～6cm，被簇生刺状硬毛及深褐色斑点。产我国华中及西南部分地区，多作庭院棚架栽培。

葛枣猕猴桃 *Actinidia polygama*，大型落叶木质藤本。叶片膜质至薄纸质，卵形或卵状椭圆形，先端渐尖，边缘具细锯齿。雄聚伞花序具1～3花，雌花单生，白色。浆果卵球形或柱状卵球形，无毛，无斑，绿色。产东北、华北、华中及西南部分地区，北方地区多有引种栽培。

革叶猕猴桃 *Actinidia rubricaulis* var. *coriacea*，半常绿藤本，全株光滑无毛。叶革质，倒披针形，先端骤尖，上部具粗齿。花单生，红色。果卵圆形或柱状卵圆形，暗绿色，幼时被茸毛，后无毛。产湖北、湖南、广西、云南、贵州及四川。我国长江流域有引种栽培，是重要的种质资源，同时也是优良的棚架观赏植物。

<table>
<tr><td rowspan="2">1</td><td>3</td><td>6</td></tr>
<tr><td>4</td><td>7</td></tr>
<tr><td>2</td><td>5</td><td>8</td></tr>
</table>

1. 狗枣猕猴桃景观
2. 葛枣猕猴桃雌花
3. 葛枣猕猴桃叶片
4. 革叶猕猴桃景观
5. 美味猕猴桃雄花序
6. 革叶猕猴桃浆果
7. 革叶猕猴桃花序
8. 美味猕猴桃浆果

紫 藤

Wisteria sinensis

蝶形花科紫藤属

形态特征 落叶大藤本。若有依附物则逆时针向右旋方向缠绕上升，攀缘可达10m以上，无依附物则匍匐地面或呈灌木状生长。小枝被灰白色柔毛。奇数羽状复叶，小叶7～13枚，卵形至长卵状长圆形，全缘。总状花序顶生或近顶叶处腋生，形成短枝，花序下垂，先叶或与叶同时开放，花冠蓝紫色至紫红色，具芳香。荚果扁平，熟后开裂。本种栽培历史悠久，国内外常见栽培品种有10余个，花色从白色至蓝紫色，花有单瓣及重瓣之分。

产地习性 原产我国。华北、西北东部至长江流域都广泛栽培。喜光亦耐半阴，好肥沃深厚土壤，也耐干旱瘠薄，适应性极广，寿命长可达500年。

繁殖栽培 播种或扦插、压条及挖根蘖均可繁殖。春季播种繁殖，播前将种子用50～55℃温水浸种并搅拌至室温，然后保存24小时，捞出种子直接地播。播种苗主根深而侧根少，幼苗期需要经过1～2次移栽，促进支、侧根生长发育，便于以后大苗移栽成活，未经移植的实生紫藤大苗移植成活困难，实生苗6～8年即可开花。嫩枝扦插繁殖成活率较高，在6～7月进行；硬质扦插繁殖应在秋后于日光型大棚中进行。压条繁殖应在夏季将2～3年生枝条用土平压在事先挖好的沟内，次年待枝条生根后就可将生根枝条与母株分离移栽；挖根蘖繁殖应在春季进行。

由于其枝蔓缠绕性强，生长迅速，一般树木遭缠绕，很快会被绞杀而致死。根系分布广而深，具有极强的萌蘖能力，枝蔓落在湿润的土地后即可生成不定根，并可形成连根的独立植株。故栽培时，设立的棚架必须坚固、耐久，否则很难持久。

园林应用 紫藤在我国园林中应用很广，各地多有大棚架栽培，常在皇家园林、私家庭院及寺庙中栽培利用，是我国园林棚架观赏植物的代表性树种。紫藤变型及栽培品种很多，常见如下。

同属植物 约10种，常见栽培的还有：

多花紫藤 *Wisteria floribunda*，茎蔓顺时针缠绕向上生长。小叶13～19，卵状长圆形，叶缘呈波状曲皱。花序生叶腋，展叶后开放。国外栽培品种约20～30个，花色主要以蓝至紫为主，也有粉红或白色花，花小，有清香。产日本，我国南北各地均栽培。

美丽紫藤 *Wisteria formosa*，为多花紫藤与紫藤的杂种，小叶9～15。花序长25cm以上，有很多品种。花期春末至夏初，北京市植物园有引种。

白花藤萝 *Wisteria venusta*，枝蔓顺时针方向左旋向上缠绕。小叶9～13，卵圆形至卵状椭圆形。花叶同开，花序短，花白色。产我国华东及日本，青岛、大连有栽培。

藤萝 *Wisteria villosa*，小叶9～11，卵状长圆形至椭圆状披针形。花序轴及花梗均有毛，花淡紫色。华北、华中及华东均有栽培。

<table>
<tr><td>1</td><td rowspan="2">4</td><td>5</td></tr>
<tr><td>2</td><td>6</td></tr>
<tr><td>3</td><td colspan="2">7</td></tr>
</table>

1. 紫藤繁茂的花序
2. 紫藤盛花架
3. 紫藤棚架应用
4. 紫藤花序
5. 紫藤荚果
6. 紫藤攀缘花廊
7. 紫藤花架景观

1	2
3	4
	5

1. 多花紫藤园林应用
2. 多花紫藤花序
3. 藤萝花序
4. 白花藤萝花序
5. 藤萝荚果

5 第五章 卷须类藤蔓植物

菝葜

Smilax china

百合科菝葜属

形态特征 攀缘灌木，茎长达5m，借助于托叶进化成的卷须和藤茎上的刺攀缘生长。根状茎不规则块状。叶革质，干后常红褐或近古铜色，圆形、卵形或宽卵形。伞形花序生于叶尚幼嫩的小枝上，有十几朵或更多的花，常球形；花序托稍膨大，常近球形，花绿黄色。浆果熟时红色。花期春季，果熟期秋季。

产地习性 产台湾、江西、安徽、贵州、云南及四川2000m以下林内、灌丛中、河谷或山坡。缅甸、越南、泰国及菲律宾有分布。适应性强，对土壤要求不严，半耐寒。国外作为观赏植物栽培应用较多，国内作观赏植物栽培少，常作药用植物栽培。

繁殖栽培 播种或分株繁殖。播种繁殖于秋季在冷室进行，次年春季发芽。分株繁殖在秋季或早春进行，将地下块茎挖出，割取部分块茎并带有其上所生的根蘖芽，分别栽植即可。

园林应用 华丽的叶片及其鲜艳的果实具有良好的观赏性，可在长江流域以南地区广泛露地栽培应用，用于山石、墙垣的覆盖、栅栏及小型棚架的立体绿化。另外根状茎可提取淀粉和栲胶，也可药用。

1		5	
2	3	6	7
4		8	

1. 菝葜枝条与浆果
2. 菝葜花序
3. 菝葜果序及成熟浆果
4. 红果菝葜枝条及浆果
5. 防己叶菝葜枝条
6. 小果菝葜枝条及成熟浆果
7. 土茯苓成熟浆果
8. 土茯苓枝条及果序

同属植物 约200种。还可引种栽培的藤本有：

防己叶菝葜 *Smilax menispermoidea*，攀缘灌木，茎长达9m，枝无刺。叶纸质，卵形或宽卵形。伞形花序有花几朵至10余朵，花紫红色。浆果熟时紫黑色。花期5～6月，果期10～11月。产我国中部及西南部地区，生于高山林下、灌丛中或山坡阴处。

红果菝葜 *Smilax polycolea*，落叶灌木，攀缘，藤茎长达7m。叶革质，干后膜质或薄纸质，椭圆形或卵形。伞形花序生于叶尚幼嫩的小枝，有花几朵至10余花；花黄绿色。浆果熟时红色，有粉霜。花期4～5月，果期9～10月。产甘肃南部、湖北、湖南及西南地区，生于中低海拔的林下、灌丛中。根状茎具药用价值。

小果菝葜 *Smilax davidiana*，攀缘灌木，茎长达2m，具疏刺。叶坚纸质，干后红褐色，常椭圆形。伞形花序生于叶尚幼嫩的小枝，有几朵至10余花，成半球形，花绿黄色。浆果熟时暗红色。花期3～4月，果期10～11月。产我国中部及东南部，生于海拔800m以下林内、灌丛中或山坡阴处。

土茯苓 *Smilax glabra*，攀缘灌木，藤茎达4m，无刺。根状茎块状，常由匍匐茎相连。叶薄革质，窄椭圆状披针形。伞形花序常有10余花。花绿白色，六棱状球形。浆果热时紫黑色，具粉霜。花期7～11月，果期11月至翌年4月。产华中、华东、华南及西南地区，生于海拔1800m以下林内、灌丛中、河岸、山谷及林缘。根状茎富含淀粉，可制糕点或酿酒；药用有解毒、除湿、利关节功能。

扁担藤

Tetrastigma planicaule

葡萄科崖爬藤属

形态特征　常绿木质大藤本，藤茎扁压，深褐色，长达30m以上，基部宽达40cm。小枝圆柱形或微扁，有纵棱纹。卷须粗壮，不分枝，相隔2节间与叶对生。掌状复叶，小叶5枚，长圆状披针形。复伞形聚伞花序腋生，花小，绿色，花期4～6月，果期8～12月。

产地习性　原产于西藏东南部、云南、贵州西南部、广西、广东、海南、福建南部；印度东北部、越南北部也有分布。生于海拔100～2100m山谷密林中或山坡岩石缝隙中，常攀爬在大树上。性喜温暖、湿润气候和肥沃的森林土壤，酸性土和钙质土均适宜其生长。不耐寒，忌冰冻，遇霜冻则叶枯死。南方常见栽培。

繁殖栽培　播种或扦插繁殖。种子的含水量约30%，忌失水，不宜日晒，宜随采随播。发芽适宜的日均温度在18℃以上，新鲜种子地播5周后开始发芽。生产上也可在春季或夏季采用半成熟枝进行扦插或压条繁殖。栽培地应尽量选在林下或无太阳西晒处，在荫蔽的散射光下生长较好。扁担藤需水较多，吸水能力强，应该保持充足的水分，湿度也要求较大。栽培土壤应疏松，肥沃。种子实生苗6年生开始进入开花结实期，大量开花结实在12年以后。

园林应用　本种植物因老茎扁平而得名，藤壮叶茂，枝形曲折优美，硕果经久不落，还可食用，是一种很有观赏价值的藤本，适宜用于热带及亚热带南部地区大型棚架、墙垣、绿廊、岩壁及攀树绿化；北方地区可在大型的温室内的大型支撑物上进行立体种植栽培。

<table>
<tr><td colspan="2">1</td><td colspan="2">5</td></tr>
<tr><td colspan="2">2</td><td>6</td><td>7</td></tr>
<tr><td>3</td><td>4</td><td colspan="2">8</td></tr>
</table>

1. 云南崖爬藤覆盖墙面
2. 扁担藤枝条及果序
3. 崖爬藤生境
4. 茎花崖爬藤果序
5. 云南崖爬藤
6. 毛五叶崖爬藤装饰花架
7. 三叶崖爬藤枝条
8. 菱叶崖爬藤庭院栽培应用

同属植物 约100种，常见栽培或可引种栽培作棚架、绿篱或墙垣栽培的还有：

毛五叶崖爬藤（栗木崖爬藤）*Tetrastigma voinierianum*，又名蜥蜴树。常绿木质大藤本。小枝和叶柄常密被黄褐色棉状毛；掌状复叶与卷须对生；小叶5片，厚革质，常菱形。伞形花序，花小，浅黄绿色，浆果球形或倒卵形。花期6～8月；果8～10月成熟。

三叶崖爬藤 *Tetrastigma hemsleyanum*，常绿或半常绿草质藤本。小枝纤细，无毛或被疏柔毛；卷须不分叉。掌状复叶；小叶3片，卵状披针形，两面无毛。聚伞花序腋生，花小，黄绿色，浆果球形，红褐色，熟时黑色。花期4～6月，果期8～11月。

狭叶崖爬藤 *Tetrastigma hypoglaucum*，常绿或半常绿木质藤本。小枝纤细，有纵棱纹。卷须上部分枝；掌状5小叶，披针形或狭卵形，边缘有刺状锯齿。花小，浆果暗红色，球形。花期6月，果期8～9月。

茎花崖爬藤 *Tetrastigma cauliflorum*，木质大藤本，茎扁压，灰褐色。卷须不分枝，相隔2节间与叶对生。叶为掌状5小叶，小叶长椭圆形、椭圆披针形或倒卵长椭圆形，叶顶端骤尾尖，边缘每侧有5～9个粗大锯齿。花序长9～11cm，着生在老茎上，花数朵呈小伞形集生于末级分枝顶端，花小。果实椭圆形或卵球形。花期4月，果期6～12月。

云南崖爬藤 *Tetrastigma yunnanense*，草质或木质藤本。叶为掌状5小叶，小叶倒卵椭圆形、菱状卵形、倒卵披针形或披针形，边缘每侧有6～8个锯齿或牙齿。花序为复伞形花序，假顶生或与叶相对着生于侧枝近顶端，稀腋生，长2～8cm。花期4月，果期10～11月。

崖爬藤 *Tetrastigma obtectum*，草质藤本。小枝圆柱形，无毛或被疏柔毛。卷须4～7呈伞状集生，相隔2节间与叶对生。叶为掌状5小叶，小叶菱状椭圆形或椭圆披针形。多数花集生成单伞形，花小不显著。果实球形。花期4～6月，果期8～11月。

菱叶崖爬藤 *Tetrastigma triphyllum*，草质或半木质藤本。小枝圆柱形，有纵棱纹，无毛。卷须4～7掌状分枝，相隔2节间与叶对生。叶为3小叶，小叶菱状卵圆形或椭圆形，边缘每侧有6～7个牙齿，齿尖细。复伞形花序，长2.5～5.5cm，花小不显著。果实球形。花期2～4月，果期6～11月。

赤 瓟

Thladiantha dubia

葫芦科赤瓟属

形态特征 多年生攀缘草质藤本。全株被黄白色长柔毛状硬毛，具块状根，茎稍粗壮，上有棱沟。叶宽卵状心形，先端急尖或短渐尖，基部心形，边缘浅波状，两面粗糙，脉上有长硬毛。卷须单一。花雌雄异株；雄花单生，或聚生于短枝的上端，呈假总状花序，有时2～3朵花生于花序梗上，花冠黄色；雌花单生，子房长圆形，密被黄色长柔毛。果卵状长圆形，表面橙黄色，或红棕色，有光泽，被柔毛。花期6～8月，果期8～10月。

产地习性 分布东北、华北及川西高原等地，自然生于海拔300～1800m山坡、河谷或林缘潮湿处。耐寒，喜湿润、肥沃的土壤，耐半阴环境。大多处于野生状态，北方偶有引种栽培。

繁殖栽培 播种或分栽块根繁殖。播种繁殖在春季进行，种子萌发容易，直接地播。分栽块根繁殖在春季植株萌芽前，将块根挖出，直接分栽，每段块根保证有2～3个芽眼。栽培地最好选择在半阴环境的肥沃沙壤土上，生长季节保持土壤湿润。

园林应用 赤瓟生长旺盛，是北方地区良好的小型棚架或篱墙的观赏植物，既可观花，又可观果。果和块根均为常用中药材，果能活血、祛痰，块根有活血去瘀、清热解毒、通乳之效。

1	
2	3

1. 赤瓟景观
2. 赤瓟雌花
3. 赤瓟果

赤苍藤

Erythropalum scandens

铁青树科赤苍藤属

形态特征 常绿藤本，藤茎达10m，卷须腋生。枝纤细，绿色，有不明显的条纹。叶纸质至厚纸质或近革质，卵形、长卵形或三角状卵形，上面绿色，背面粉绿色。花排成腋生的二歧聚伞花序，花小，花冠白色，卵状三角形。核果卵状椭圆形或椭圆状，全为增大的壶状花萼筒所包围，花萼筒顶端有宿存的波状裂齿，成熟时淡红褐色，干后为黄褐色；种子蓝紫色。花期4～5月，果期5～7月。

产地习性 产云南、贵州、广西、广东、海南，生长在海拔1500m以下山地、丘陵沟谷、溪边林中或灌丛中。亚洲东南部至南部有分布。性喜温暖、湿润气候，不耐寒，耐半阴环境。

繁殖栽培 播种或扦插繁殖。本种偶见在南方引种栽培。

园林应用 赤苍藤生长势强健，是栅栏及棚架造景的好材料。嫩叶可作蔬菜。茎入药，利尿，治黄疸，也治风湿骨痛；根煮肉或浸酒服，同时捣烂叶敷患处可治水肿。根、茎可提取栲胶。

1. 赤苍藤枝条及核果
2. 赤苍藤装饰栅栏

刺果瓜
Sicyos angulatus
葫芦科野胡瓜属

形态特征 卷须类攀缘植物。茎具棱槽，散生硬毛，卷须与叶对生。叶大，质薄，圆形或卵圆形，具3～5个角或裂片。花单性，雌雄花序同生于叶腋；雄花序总状，后期伸长达10cm以上，雄花暗黄色，直径9～14mm，花冠裂片5；雌花序头状，雌花密集，较小。果序头状，有果3～6个，果实长卵圆形，长1cm以下，密被长硬毛。花果期9～10月。

产地习性 原产北美洲。刺果瓜适生性强，年生长量大，在公路边、荒地、山坡、灌木丛、树林中均可生长；植株的耐低温能力很强，秋季10月底至11月初生长最为旺盛，并大量开花结实。台湾、辽宁大连、山东、北京有分布。

繁殖栽培 种子繁殖。

园林应用 最初曾作为观赏植物引入欧洲，并逃逸成为杂草。在亚洲地区，主要在日本、朝鲜发生。刺果瓜大片蔓延生长时，可覆盖于其占有区内的任何树木以及草本之上，并造成后者死亡，危害极大。中国目前该种尚处于初步扩散阶段，尚未大面积发生，但非常值得警惕。

1	2
	3
4	

1. 刺果瓜栽培应用
2. 刺果瓜花序
3. 刺果瓜果序
4. 刺果瓜逸生蔓延

倒地铃

Cardiospermum halicacabum

无患子科风船葛属

形态特征 又称风船葛。草质攀缘藤本，长达5m。叶为二回三出复叶，互生，顶生的小叶斜披针形或近菱形，侧生的稍小，卵形或长椭圆形。圆锥花序少花，花序梗细长，最下面的1对花柄发育成下弯的卷须，花小，白色。蒴果膜质，成气球状，梨形、陀螺状倒三角形或有时近长球形。花期7～9月，果熟期10～11月。

产地习性 原产于长江以南各地，多生于田野、灌丛中或路边、林缘。喜温暖湿润气候，适应性较强，喜光，不耐寒，对土壤要求不严，酸性土、微碱土或钙质土均能适应，在土层深厚肥沃、排水良好之地生长较快。

繁殖栽培 以播种繁殖为主。春季气温上升到18℃以上时播种，种子在18～30℃的变温环境下发芽率高，一般田间发芽率70%以上，播后25～30天发芽出土，当年苗高达40cm，第二年定植。移栽宜选土层深厚、排水良好的环境。移栽应在早春芽未萌动前进行。植株根深，萌芽力强，耐修剪。

园林应用 风船葛枝蔓纤细，叶色秀丽，花后其膜质的气球状蒴果格外显眼，为优美的中小型攀缘绿化材料，可用于庭院竹篱、花架、墙垣、绿廊等绿化装饰，也可植为地被，北方地区用于室内盆栽。全草入药有清热解毒之功效。

1
2
3

1. 倒地铃枝条与花、果、卷须
2. 倒地铃膜质状蒴果
3. 倒地铃种子

电灯花

Cobaea scandens

花荵科电灯花属

形态特征 多年生常绿草本，藤茎达15m，依靠卷须攀缘他物生长，全株无毛。羽状复叶，互生，有小叶4～6枚，小叶椭圆形或长圆形，复叶顶端形成具分枝的卷须。花较大，径3～4cm，单生于叶腋，花柄长30cm，花冠长6～8cm，钟状，由绿色渐变为紫色，雄蕊伸出于花冠之外，花萼5裂，裂片近圆形，组成带波边的碟状。花期夏季至秋季。蒴果长约4cm，革质，种子扁平，宽约0.8cm。

产地习性 原产墨西哥。性喜阳光及温暖湿润气候，不耐寒冷，植株可忍受短暂0℃低温。我国云南南部、西北部和广东有栽培。

繁殖栽培 播种繁殖。在春季进行，种子萌发较为容易，适宜发芽温度18～20℃，播后4～5天可发芽。电灯花对温度比较敏感，夏季温度超过20℃的地区均可露地种植，播种苗当年藤茎可长至4～5m，并可当年开花。越冬温度要求在5℃以上。修剪在花后或冬末至初春进行。北方只能在温室内种植或在温室内育苗，春季移栽露地，作一年生花卉栽培。

园林应用 南方热带地区可作城市园林绿化的优良攀缘植物，北方作温室栽培植物，或温室育苗作露地一年生墙垣立体绿化材料。

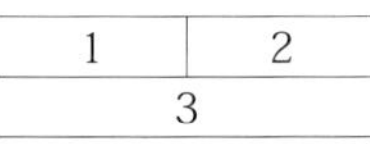

1	2
3	

1. 电灯花初花期
2. 电灯花盛花期
3. 电灯花攀缘篱栅

定心藤

Mappianthus iodoides

茶茱萸科定心藤属

形态特征 又称甜果藤。木质藤本，全株均被黄褐色糙伏毛。小枝具灰白色皮孔，卷须粗壮，与叶轮生。叶对生或近对生，长椭圆形或长圆形。雄花序交替腋生，花黄色，有微香，花冠钟状漏斗形。核果椭圆形，多浆，内果皮有纵条纹，成熟时橙黄或橙红色，花期4～8月，果熟期6～12月。

产地习性 原产于华南、西南等地，多生于海拔800～1800m的疏林、灌丛及沟谷林内。喜温暖湿润气候，喜阳、较耐阴，耐寒性较差，不耐干旱和积水，对土壤要求不严，喜生于肥沃、疏松排水良好的微酸性土壤上。栽培较少，本种为我国傣族和瑶族的传统常用药材。

繁殖栽培 用播种或扦插繁殖。春播，当早春气温上升到10～15℃时播种，播种后20～25天左右出苗，播后盖草，待出土时揭去盖草。种子出苗后加强水肥管理及防除杂草，当年苗可长到50～60cm，翌年分苗。扦插应在夏、秋季进行。苗期移栽时应进行重剪。

园林应用 甜果藤花期长，花香，既观花又观果，叶色明亮，是热带及亚热带地区花篱、花架，攀缘的优质绿化材料，也可蔓生于岩石园或风景园区点缀，北方地区多用于室内盆栽。

1. 定心藤枝条与叶片
2. 定心藤枝条与卷须

冬　瓜

Benincasa hispida

葫芦科冬瓜属

形态特征　一年生蔓生或攀缘草本植物，全株密被硬毛，茎上有卷须，2～3歧。叶大，掌状5浅裂。花大型，黄花，通常雌雄同株，单生叶腋。果实球形或长圆柱形，表面有毛和白霜。花期夏季，果期夏秋季。

产地习性　主要分布于亚洲、其他热带、亚热带地区，澳大利亚东部及马达加斯加也有。中国各地有栽培。云南南部（西双版纳）有野生者，果远较栽培者小。性喜阳光充足及温暖湿润气候，不耐寒冷。

繁殖栽培　播种繁殖，容器育苗或露地直播，在春季进行，种子萌发较为容易。种植冬瓜应选择排水良好，土层深厚，肥沃的沙壤土或黏壤土，忌重茬种植。苗高40cm时及时搭架，牵引藤蔓。在热带地区可周年种植，供应蔬菜市场。

园林应用　冬瓜生长迅速，是北方庭院栽培的主要棚架蔬菜品种之一，也是反季节农业温室设施栽培的主要作物品种之一。

1
2
3

1. 冬瓜枝蔓与花
2. 冬瓜棚架景观
3. 冬瓜在农业观光温室中

旱金莲

Tropaeolum majus

旱金莲科旱金莲属

形态特征 一年生草本植物，利用生长在茎上的长叶柄缠绕他物攀缘，茎略肉质，有时蔓生，藤茎长达3m。单叶互生，圆形，有主脉9条，主脉由叶柄着生处向四面放射。单花腋生，花黄色、紫色、橙红色或杂色，花托杯状。花期6～10月，果期7～11月。

产地习性 原产玻利维亚至哥伦比亚。喜光、喜温暖，喜湿润、排水良好的土壤。不耐3℃以下的低温。我国普遍引种作为庭院或温室观赏植物，热带地区有时逸生。

繁殖栽培 播种繁殖。春季播种，种子适宜发芽温度13～16℃。旱金莲及其杂交品种在土壤肥力中等偏下的条件下栽培，其生长开花效果好。植株适宜生长温度为18～24℃，夏季高温时不易开花，35℃以上生长受抑制。

园林应用 旱金莲适应性强，耐贫瘠，观赏效果好，可作为热带地区的护坡地被植物和围栏攀缘植物。其他地区多盆栽观赏。

1
2
3

1. 旱金莲叶片及花
2. 旱金莲覆盖墙垣
3. 旱金莲庭院应用

荷 包 藤

Adlumia asiatica

紫堇科荷包藤属

形态特征 多年生草质藤本，依靠小叶柄卷须状缠绕他物攀缘，藤茎达3m。叶互生，二至三回羽状分裂，小裂片卵形，顶生小叶柄卷须状。圆锥花序腋生，有花2～12朵，花两侧对称，下垂，淡紫红色。蒴果，种子线状椭圆形，黑色，具光泽。花果期7～9月。

产地习性 产黑龙江、吉林山区。自然生于针叶林下或林缘。性耐寒、喜半阴环境，喜排水良好、富含腐殖质的沙壤土。少有栽培。

繁殖栽培 播种繁殖。种子具有休眠习性，冷室秋播或经过低温沙藏后春播。秋播种子春季发芽，幼苗经过2～3年培育，方可开花。荷包藤幼苗怕热，忌全光照环境，喜凉爽气候、湿润的土壤。大苗适应环境的能力较幼苗明显变强。

园林应用 荷包藤花、叶秀美，耐寒、耐阴能力强，是我国北方不可多得的可露地栽培应用的耐阴藤本观赏花卉。

同属植物 2种。常见栽培有：

北美荷包藤 *Adlumia fungosa*，二年生草质藤本，藤茎纤细。用叶柄状卷须攀缘，叶二至四回羽状分裂。花形与荷包牡丹相似，粉紫色或白色。花期夏季至秋季。产美国密歇根州、北卡罗来纳州。

1
2
3

1. 荷包藤复叶与花序
2. 荷包藤景观
3. 北美荷包藤花序

黄 瓜

Cucumis sativus

葫芦科黄瓜属

形态特征 一年生攀缘藤本。卷须不分歧。叶宽卵状心形，长、宽约7～20cm，两面被粗硬毛，具3～5浅裂，裂片三角形。雌雄同株。雄花常数朵簇生叶腋，花冠黄白色；雌花单生。果实肉质，长圆形或圆柱形，有具尖的瘤状突起，极稀近平滑。花果期夏季。经过长期栽培改良已形成很多的栽培类型和品种 。

产地习性 原产于喜马拉雅山南麓的热带雨林地区。性喜温暖，不耐寒冷，喜光，宜选择土层深厚、潮湿、富含有机质的沙壤土，不耐瘠薄的土壤。中国南、北各地普遍栽培。也广泛栽培于世界温带、热带地区。

繁殖栽培 播种繁殖。浸种催芽在黄瓜播种中普遍应用，用50～55℃温开水烫种消毒10分钟，不断搅拌以防烫伤。然后用约30℃温水浸4～6小时，搓洗干净，捞起沥干，在28～30℃的恒温箱或温暖处保湿催芽，20小时开始发芽，然后直接播于事先准备的播种容器。植株生长发育适宜温度为10～32℃。一般白天25～32℃，夜间15～18℃生长最好；最适宜地温为20～25℃，最低为15℃左右。最适宜的昼夜温差10～15℃。黄瓜在高温35℃条件下光合作用不良，45℃条件下出现高温障碍，低温-2～0℃冻死，如果低温炼苗可承受3℃的低温。

园林应用 黄瓜经过长期的改良栽培已成为世界各地夏季的主要蔬菜栽培品种之一，也是反季节农业温室设施栽培的主要作物品种之一。

<table>
<tr><td colspan="2">1</td></tr>
<tr><td colspan="2">2</td></tr>
<tr><td>3</td><td>4</td></tr>
</table>

1. 黄瓜架式栽培
2. 黄瓜枝蔓与卷须
3. 黄瓜雄花
4. 黄瓜果实

葫　芦

Lagenaria siceraria

葫芦科葫芦属

形态特征　一年生攀缘草本，藤茎长达5m以上，茎、枝被黏质长柔毛。卷须腋生，2歧。叶卵状心形或肾状圆形，不裂或3～5浅裂，互生。雌雄花均单生，花冠白色，裂片皱波状。果初绿色，后白色至带黄色，中间缢缩，下部和上部膨大。花期夏季，果期夏秋季。

产地习性　主要分布于非洲热带地区，我国南北各地均有栽培。性喜阳光充足及温暖湿润气候，不耐寒冷。

繁殖栽培　播种繁殖，容器育苗或露地直播，在春季进行。播种前，用40℃温水浸种12～24小时，有利于促进种子萌发。种植地应土层深厚，排水良好。幼苗生长到苗高40cm时，及时搭架，牵引藤蔓，并经常掐尖，促进侧枝生长发育。

园林应用　葫芦生长迅速，结果量大，嫩果营养丰富，被大量用于北方农家庭院棚架栽培，也被现代农业设施温室栽培，用于生产蔬菜或科普教育及参观。

常见变种　瓠子 var. *hispida*，果粗细均匀成圆柱状，直或稍弯曲，嫩果做蔬菜；瓠瓜var. *depressant*，果扁球形，嫩果可做蔬菜，老果可制作水瓢或容器；小葫芦var. *microcarpa*，植株结实较多，果形似葫芦，长约10cm，果药用、观赏或作儿童玩具。

<table>
<tr><td>1</td><td colspan="2">4</td><td>8</td></tr>
<tr><td>2</td><td colspan="2">5</td><td>9</td></tr>
<tr><td>3</td><td>6</td><td>7</td><td>10</td></tr>
</table>

1. 庭院栽培葫芦
2. 棚架栽培葫芦
3. 葫芦雄花
4. 露地棚架栽培瓠子
5. 瓠瓜枝蔓和卷须
6. 小葫芦瓠果
7. 瓠瓜
8. 庭院栽培小葫芦
9. 农业观光园温室设施栽培瓠子
10. 温室设施栽培瓠瓜

鸡蛋果

Passiflora edulis

西番莲科西番莲属

形态特征 多年生草质藤本，具腋生卷须，依靠卷须攀附他物生长，藤茎长达8m。叶掌状3深裂，中间裂片卵形，两侧裂片卵状长圆形，基部楔形或心形。聚伞花序退化仅存有1花，与卷须对生，花芳香、白色，径约5cm。浆果卵球形，长5～7cm，径约5cm，熟时黄色至紫色，种子多数。花期5～8月，果期9～12月。

产地习性 原产中美洲的大小安的列斯群岛，现广植于热带和亚热带地区。喜光，喜温暖湿润气候，不耐寒，要求日照充足和排水良好的土壤。我国南方地区多见栽培。

繁殖栽培 播种或扦插繁殖。春播，种子适宜发芽温度13～18℃，播后发芽迅速。扦插繁殖在夏季进行，剪取半木质化枝条，修剪成8～10cm的茎段，扦插在插床上，生根容易。修剪在冬季或早春进行，剪除枯萎的残枝、适当疏剪和短截，使植株着生的枝条分枝均匀，通风良好，开花茂盛。

园林应用 生长迅速，叶色浓绿，花、果期观赏时间长，是热带及亚热带地区棚架、花架，护栏攀缘的优质观赏植物，果实可加工成果汁，营养丰富。北方地区多用于室内盆栽。

同属植物 约400余种，常见栽培观赏的还有：

红花西番莲 *Passiflora coccinea*，藤茎纤细，长达4m，红色至紫色。叶长圆形至长卵形，叶缘具不规则浅疏齿。花单生叶腋，花大，红色。浆果近球形。花期夏季至秋季。

西番莲 *Passiflora caerulea*，多年生常绿草质藤本，藤茎达10m。叶近圆形，掌状5裂。聚伞花序通常仅存1朵花，花大，萼片和花瓣绿色，副花冠丝状，白色，基部和尖端带紫蓝色。花期夏秋季，果期秋季。南方栽培广泛。

大果西番莲 *Passiflora quadrangularis*，粗壮草质藤本，藤茎长达15m。叶宽卵形至圆形，全缘。花大，径达12cm，萼片外面绿色，内面红色，花瓣红色，副花冠丝状，白色或蓝紫色，有香味。花期春季至秋季。

龙珠果 *Passiflora foetida*，草质藤本，长数米，有臭味；茎被柔毛。叶膜质，卵形，先端3浅裂，边缘波状。聚伞花序退化仅存1花；花直径约2～3cm，白色或淡紫色；苞片3枚，一至三回羽状分裂，裂片丝状，顶端具腺毛。浆果卵圆球形，直径2～3cm。花期7～8月，果期翌年4～5月。

1		5	9	10
2		6	11	
3	4	7		
		8		

1. 鸡蛋果枝蔓和浆果
2. 鸡蛋果棚架栽培
3. 鸡蛋果花
4. 大果西番莲花与卷须
5. 红花西番莲花
6. 西番莲花
7. 大果西番莲温室棚架栽培
8. 龙珠果枝蔓和浆果
9. 大果西番莲浆果
10. 龙珠果花
11. 西番莲温室柱状栽培

嘉 兰

Gloriosa superba

百合科嘉兰属

形态特征 多年生草质藤本，茎长达3m，藤茎依靠叶片顶端特化的卷须攀附他物生长。叶通常互生，有时兼有对生的，披针形，长5～8cm，基部有短柄，叶缘顶端特化成长3～5cm的卷须。花美丽，单生于上部叶腋或叶腋附近，有时在枝的末端近伞房状排列；花被片条状披针形，反折，由于花俯垂而向上举，基部收狭而多少呈柄状，边缘皱波状，上半部亮红色，下半部黄色，宿存。蒴果。花期7～8月，果期9～10月。

产地习性 产云南西南部、香港、海南南部，南非、印度也有分布。生于海拔950～1250m的林下或灌丛中。喜温暖、湿润气候及肥沃的土壤，在密林及潮湿草丛中生长良好。忌干旱和强光，耐寒力较差，越冬的最低温度要求5℃以上。

繁殖栽培 分株及播种繁殖。分株在春季发芽前，结合换盆进行，植株当年即可开花。种子春播或秋播，出苗后将幼苗及时移栽，至次年春季再分栽，第2、3年即可开花。嘉兰忌干旱和强光，幼苗期需40%～45%阴蔽度，营养生长期、花期内需10%～15%的阴蔽度。土壤湿度保持在80%左右；空气相对湿度80%以上。耐寒力较差，当气温低于22℃时，花发育不良，不能结实；低于15℃时，植株地上部分受冻害。生长适温为22～24℃。植株一般于3月萌发生长，6月中旬始花，7～8月为盛花期，9～10月为种子成熟期。露地栽植芽出土后生长迅速，要及时加支柱使其攀缘向上，以免折枝。

园林应用 嘉兰花型奇特，犹如燃烧的火焰，艳丽而高雅；花色变幻多样；细柔嫩茎攀缘性好，花期较长，尤其适合装饰豪华场景，是优美的垂直绿化材料，可广泛应用于室内外的庭院绿化和美化。

同属植物 约6种，常见栽培有：

宽瓣嘉兰 *Gloriosa rothschildiana*，叶宽披针形，花被阔披针形，反卷，边缘有时波状，花瓣橙红色，基部金黄色。产于热带非洲。自第3～4节起在其先端生长卷须，叶序不规则，15～20片叶对生、互生或轮生。

1. 嘉兰庭院栽培
2. 嘉兰花期
3. 嘉兰花

榼藤

Entada phaseoloides

含羞草科榼藤属

形态特征 又称眼镜豆。常绿木质大藤本植物，具卷须，茎扭旋，枝无毛。二回羽状复叶，羽片通常2对，顶生1对羽片变为卷须，小叶2～4对，对生，革质，长椭圆形或长倒卵形，先端钝，微凹，基部略偏斜,叶柄短。穗状花序长15～25cm，单生或排成圆锥花序式，花细小，白色，密集，芳香。荚果大，长达1m，宽8～12cm，弯曲，扁平，木质，成熟时逐节脱落，每节内有1粒种子。花期3～6月；果期8～11月。

产地习性 产福建、广东、广西、贵州西南部、云南及西藏等地。生于海拔600～1600m的山涧或山坡灌木丛、混交林中，常攀缘于大乔木上。喜光，喜温暖、湿润环境，不耐寒。我国热带地区有引种栽培。

繁殖栽培 播种繁殖，春季播种，播前将干种子用温水浸泡数小时后播种。整形修剪在开花后进行。

园林应用 榼藤生长快，花香，花后可长出奇特、巨大的荚果，具有很高的观赏价值，适宜热带地区大型花架种植，或攀附在高大的乔木上，形成热带森林的特有复层结构景观。荚果具有药用价值。

1	
2	
3	4

1. 榼藤叶片及卷须
2. 榼藤自然生长
3. 榼藤荚果
4. 榼藤的园林应用

栝楼

Trichosanthes kirilowii

葫芦科栝楼属

形态特征 多年生攀缘草本，茎多分枝，长达10m以上。根状茎肥厚，圆柱状；卷须腋生，顶端2～5裂。叶互生，近圆形或心形，长宽均约7～20cm，通常5～7掌状浅裂或中裂，裂片长圆形或长圆状椭圆形至卵状披针形，表面疏生短伏毛或无毛，顶端急尖或短渐尖，边缘有疏齿或缺刻状。雌雄异株；雄花数朵生于总花梗上部呈总状花序，花冠白色；雌花单生。果实近球形，熟时黄褐色或橙黄色，光滑。花期5～8月，果期8～10月。

产地习性 广泛分布于我国北部至长江流域各地，自然生长于海拔200～1800m山坡林下、灌丛中、草地或村旁。喜光，也耐半阴，喜温暖湿润环境，耐寒，喜肥沃土壤，以土层深厚、富含腐殖质的沙质壤土为最佳。国内广为栽培。

繁殖栽培 春季露地直播在4月进行，待蔓长至30cm时，用竹竿作支柱搭架，棚架高1.5m左右，也可用自然的树木作架子，但需注意通风透光。每株只留壮蔓2～3个，将过多的茎藤去掉，第二年修枝打杈，以免茎蔓徒长。

园林应用 栝楼分布广，适应性强，观果期长，适宜我国北方至长江流域各地区的庭院、棚架、栅栏、墙垣等处绿化栽培应用，其根、果、果皮和种子均是传统的中药材。

同属植物 约50种，分布于东南亚，南经马来西亚至澳大利亚北部，北经中国至朝鲜、日本。常见栽培的还有：

蛇瓜 *Trichosanthes anguina*，一年生攀缘草本。叶膜质，圆形或肾状圆形，3～7浅裂至中裂，有时深裂，裂片常倒卵形，两侧不对称。雌雄同株，花冠白色。果长圆柱形。花果期夏末及秋季。原产印度。我国南北均有栽培，果供蔬食或药用。

糙点栝楼 *Trichosanthes dunniana*，藤状攀缘草本植物，长3～4m。茎、叶两面沿脉、叶柄及卷须均被白色糙毛。叶纸质，近圆形，掌状5～7深裂。花冠淡红色。果长圆形，红色。花期7～9月，果期10～11月。产海南、广西、云南、贵州及四川，生于海拔920～1900m的山谷密林中或山坡疏林或灌丛中。果皮入药。

1	2
3	4
5	6

1. 栝楼雄花
2. 栝楼果
3. 栝楼装饰岩石
4. 蛇瓜棚架栽培
5. 糙点栝楼果
6. 糙点栝楼枝蔓与花

连理藤

Clytostoma callistegioides

紫葳科连理藤属

形态特征 常绿木质藤本，藤茎长达10m，依靠卷须攀缘。复叶对生，2小叶长椭圆形，具光泽，顶生小叶变成攀缘的卷须。圆锥花序有花2～4朵，淡紫色至紫红色，花冠喇叭筒状，顶端5裂，2唇形，裂片上具紫色脉纹，内花被管淡黄色。花期春季至夏季，花后偶结实，荚果上具刺状物，内含12粒扁平具翅种子。

产地习性 原产巴西南部至阿根廷北部，性喜阳光充足、排水良好的微酸性肥沃土壤。不耐寒，越冬温度要求在7℃以上。全球广为栽培。

繁殖栽培 播种或扦插繁殖。播种应在春季进行，适宜的播种温度为13～18℃。半木质化扦插繁殖在夏季进行。热带地区露地栽培，其他地区可室内养护栽培。温室栽培应选用疏松、肥沃的土壤，在阳光充足处栽培，夏季炎热季节应给予适当遮阴处理，并提供结实的支撑物供藤茎攀缘。生长季节给予充足水肥供应，冬季室内栽培应减少浇水次数并停止施肥，注意适当通风，降低空气湿度，以防红蜘蛛、蚜虫的危害。花后结合整形进行修剪。

园林应用 连理藤生长迅速，花、叶繁茂，可用于布置篱墙、棚架、山石的瀑布旁，是南方城市及庭院中优良垂直绿化材料。长江以北地区只能室内栽培，盆栽时设立支架，有良好观赏效果。

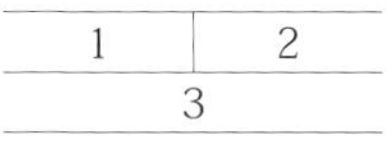

1	2
3	

1. 连理藤枝蔓与卷须
2. 连理藤花
3. 连理藤露地棚架栽培

猫爪藤

Macfadyena unguis-cati

紫葳科猫爪藤属

形态特征 多年生常绿木质藤本，藤茎纤细，依靠卷须攀缘，长达10m以上。复叶对生，2小叶披针形至卵形，顶生小叶进化成3叉卷须，卷须倒钩似猫爪。花单生或2至3朵腋生成伞状花序，单花长达8cm,花径10cm，鲜黄色，花被管顶部膨胀，5深裂。花期春季至夏季。花后荚状果长25～90cm，种子具翅，有光泽。

产地习性 原产墨西哥、西印度群岛至乌拉圭和阿根廷。性喜温暖、湿润的气候，喜光亦耐半阴和排水良好的沙壤土。越冬温度保持在7℃以上。我国福建厦门有分布。

繁殖栽培 通过种子和枝条落地生根等方式快速繁殖。

园林应用 可在公园、林地、庭园、路边、荒坡、草地等生长，也可以在平地、山地、凹地、坡地、墙壁、屋顶等生长。但要控制其扩散，以免造成生物侵害。

1	
2	
3	4

1. 猫爪藤逸生危害
2. 猫爪藤盛花期
3. 猫爪藤枝蔓
4. 猫爪藤果实

木鳖子

Momordica cochinchinensis

葫芦科苦瓜属

形态特征　多年生粗壮草质大藤本，长达15m，具块状根。卷须粗壮。叶大，质硬，卵状心形或宽卵状圆形，常3～5裂，叶脉掌状。雌雄异株；雄花单生于叶腋或3～4朵着生于极短的总花序轴上，雌花单生叶腋，常具一大型兜状苞片，花冠黄色，裂片卵状长圆形。果实卵球形，长达12～15cm，成熟时红色，肉质，具刺突。花期6～8月，果期8～10月。

产地习性　产云南、广东、广西、湖南、四川、贵州等地，常生于海拔450～1100m的山沟、林缘及路旁。中南半岛和印度半岛也有。喜光，喜肥沃土壤，不耐寒。南方有引种栽培。

繁殖栽培　春季播种繁殖。多作药用植物栽培，栽培地应选在向阳、肥沃的壤土最佳。

园林应用　木鳖子生命力旺盛，萌发力强，适宜南方温暖地区做棚架栽培观赏。其嫩茎叶可做野生蔬菜食用。种子、根和叶入药，有消肿、解毒止痛之效。

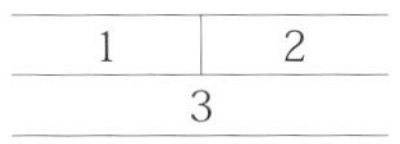

1. 木鳖子果
2. 木鳖子雌花
3. 木鳖子棚架栽培

南瓜

Cucurbita moschata

葫芦科南瓜属

形态特征 一年生蔓生草本，藤茎长达5m以上，茎常节处生根，粗壮，有棱沟，被短硬毛，卷须分3～4叉。单叶互生，心形或宽卵形，5浅裂有5角，两面密被茸毛，边缘有不规则的锯齿。花单生，雌雄同株异花。花冠钟状，黄色，5中裂，裂片外展，具皱纹。瓠果，果色和形状因品种而异。花期5～7月，果期7～9月。栽培品种甚多。

产地习性 原产墨西哥至中美洲。性喜温暖湿润，喜光，不耐阴，不耐低温。喜肥沃土壤，以土层深厚、富含腐殖质的沙质壤土或壤土为最佳。世界各地广泛栽培，我国自明代引进，南北方普遍栽培。

繁殖栽培 播种繁殖。寒冷地区一般采用温室容器育苗，然后再移栽到露地栽培；温暖地区多采用大田直接播种。播种前，将种子用30℃温水浸泡2～3小时，种子萌发率高，出苗整齐，播后约10天发芽。幼苗前期生长以施用氮肥为主，后期多施用磷钾肥，促进雌花和果实的发育。藤蔓长40cm时，及时搭架、牵引，并进行掐尖，促使多萌发侧蔓。

园林应用 南瓜适应性强，喜高温，观花、观果期长，适宜我国南北地区种植观赏。近年，国内多在现代化温室内搭架栽培各种南瓜品种，进行栽培观赏，其瓠果也是主要的蔬菜品种。

同属植物 约30种，分布于热带及亚热带地区，在温带地区栽培。常见栽培还有：

笋瓜*Cucurbita maxima*，一年生粗壮蔓生藤本，藤茎长达5m以上。叶肾形或圆肾形，近全缘或具细齿。卷须粗壮，通常多歧。雌雄同株，雄花单生，花冠筒状。瓠果，果色和形状因品种而异。原产印度。我国南北各地普遍栽培，常在现代化温室棚架栽培观赏，果作蔬菜。

1	2
	3
4	

1. 南瓜枝蔓装点墙面
2. 南瓜雄花与果
3. 笋瓜瓠果
4. 笋瓜温室棚架栽培

炮仗藤

Pyrostegia venusta

紫葳科炮仗藤属

形态特征 常绿木质藤本，藤茎可达10m以上，依靠卷须攀缘。叶对生，羽状复叶有小叶2～3枚，顶生小叶常变为3叉丝状卷须，小叶卵形，先端渐尖，基部近圆，全缘。圆锥花序生于侧枝顶端，长10～12cm，花朵密集成簇，花萼钟状，小齿5；花冠筒状，橙红色，裂片5，长椭圆形，蕾时镊合状排列，开花后反折，边缘被白色短柔毛，花期从秋至春，晶莹耀眼。蒴果线形，种子多数，具膜质翅。

产地习性 原产玻利维亚、巴西、巴拉圭及阿根廷北部，在世界热带地区已广泛作为庭园观赏藤架植物栽培；我国广东、海南、广西、福建、台湾、云南均有种植。性喜阳光充足、通风及肥沃、湿润的酸性沙质土壤，生命力强，生长迅速，华南地区露地越冬，短期2～3℃低温仅部分叶片受害。冬季室内栽培气温宜在10～15℃。

繁殖栽培 播种或扦插繁殖。播种应在春季进行，适宜的播种温度为16℃。半木质化扦插繁殖在夏季进行。扦插苗培育1～2年后即能开花。栽培初期须立支柱，使枝蔓攀附，生长期间注意水肥供应，切忌翻蔓，株高2m时摘除顶尖，促进分枝。秋、冬季要注意控水，促进花芽分化，花后修剪，并适当补充肥料。冬季温室栽培要适当通风，降低空气湿度，以防红蜘蛛、介壳虫的危害。

园林应用 炮仗花花朵鲜艳，花叶繁茂，花序形同串串炮竹，是南方热带城市及庭院中优良垂直绿化材料。可用于低层建筑物墙面覆盖，或供棚架、花廊、阳台等处的美化；亚热带以北地区只能室内栽培，盆栽时设立支架，有良好观赏效果。

1
2
3

1. 炮仗藤棚架式栽培
2. 炮仗藤篱墙式栽培
3. 炮仗藤花序

葡　萄

Vitis vinifera

葡萄科葡萄属

形态特征　落叶木质大藤本。藤茎长10～20m；幼枝光滑或具绵毛，后变无毛。卷须分枝，长10～20cm。叶圆形或圆卵形，长7～15cm，通常3～5深裂，基部心形，边缘具粗锯齿，两面无毛或下面有短柔毛。圆锥花序，大而长，与叶对生。花期6月；果期8～9月。栽培品种很多，'玫瑰香'、'龙眼'、'巨峰'等为著名的果品。

产地习性　产亚洲西部。世界各地栽培历史悠久，我国各地普遍栽培。葡萄属暖温带植物，对环境条件的要求和适应能力随品种而异，但总体上喜阳光充足，气候干燥及夏季昼夜温差大的气候。耐寒能力不强，北方露地栽培冬季需埋土防寒，栽培地要求排水良好，土层深厚肥沃的沙质壤土或砾质壤土，但耐旱、耐瘠薄力强，忌黏重、盐碱土。

繁殖栽培　为了能使这些栽培品种保持原有的优良特性，生产上必须采用无性繁殖。以扦插最为普遍。扦插繁殖常于冬季埋土防寒之前结合修剪，剪取健壮、芽眼饱满的1年生枝条将其打捆，经沙藏后次年春季剪成具有2～3个芽的枝段进行露地扦插，或早春萌芽前随剪随插，插条用ABT生根粉速蘸处理则生根更快。嫁接用于生产上改善葡萄的抗病力和增加适应性，常用抗性强的品种作砧木，经过一年培育后，于第二年春季枝接。

用于品种的杂交选育和园林作绿化也经常采用播种繁殖方法。一般是秋季采种直播或经沙藏后春播。如果发芽不充分，可移至20～25℃条件下，催芽至约有1/3种子萌发时播种。定植苗木时，对粗大的根可略加剪截。不同品种应该采取不同的修剪方式，一般在夏季和秋末分别进行一次修剪。园林应用尤应注意修剪、摘心、短截来调整枝蔓的生长与分布。

园林应用　葡萄适应性强，又具寿命长、绿叶成荫、硕果晶莹可食的特点，叶、花、果并佳，是观赏、经济效益并重的优良藤本植物。除开辟专园做果树栽培外，常用于棚架、门廊绿化栽培，也可以盆栽作为美化阳台、居室的材料。

同属植物　约有60余种，广泛分布于温带或亚热带地区。常见栽培的重要种质资源还有：

山葡萄 *Vitis amurensis*，落叶木质藤本。长达15m；幼枝初具细毛，后无毛；叶宽卵形，正面无毛，背面叶脉腋有短毛，叶柄被疏毛，圆锥花序与叶对生，花序轴具

白色丝状毛；花小，雌雄异株，果球形，黑色。花期5～6月，果期8～9月。产东北、华北及华东等部分省市，生于海拔200～2100m山坡、沟谷林中或灌丛。是葡萄属中抗寒性最强的种类，常作为耐寒葡萄育种资源栽培，北方也多在庭院作为园林植物栽培。

华北葡萄 *Vitis bryoniifolia*，落叶木质藤本。藤茎长约3m，小枝密被白色蛛丝状柔毛，后脱落稀疏；卷须二叉状分枝；叶薄纸质，五角形或五角状卵形，两面沿叶脉被极短毛，背面被稍密或稀疏白色或淡褐色柔毛，圆锥花序长5～10cm，花序轴有白色柔毛；花小，果球形；花期5～6月，果期7～8月。产于陕西南部、河南、山西、山东、河北等地，常见于海拔200～1400m阳坡多石处、林缘或河边。常作为耐寒葡萄育种资源，引种栽培。

华东葡萄 *Vitis pseudoreticulata*，木质藤本。小枝圆柱形，有显著纵棱纹，嫩枝疏被蛛丝状茸毛，以后脱落近无毛。卷须2叉分枝，每隔2节间断与叶对生。叶卵圆形或肾状卵圆形，具锯齿，上面绿色，下面沿侧脉被白色短柔毛，网脉在下面明显。圆锥花序疏散，与叶对生。果实成熟时紫黑色。花期4～6月，果期6～10月。产河南、安徽、江苏、浙江、江西、福建、湖北、湖南、广东、广西，自然生于海拔100～300m的河边、山坡荒地、草丛、灌丛或林中。本种耐湿且抗霜霉病的能力强，果实含糖量高，为培育南方葡萄品种重要种质资源。

<table>
<tr><td>1</td><td>2</td><td>6</td><td>7</td></tr>
<tr><td>3</td><td>4</td><td colspan="2">8</td></tr>
<tr><td colspan="2" rowspan="2">5</td><td colspan="2">9</td></tr>
<tr><td colspan="2">10</td></tr>
</table>

1. 葡萄浆果
2. 葡萄浆果
3. 葡萄浆果
4. 葡萄浆果
5. 葡萄爬满棚架
6. 葡萄花序
7. 华北葡萄枝蔓与花序
8. 葡萄拱廊式栽培
9. 山葡萄藤蔓
10. 华东葡萄篱栅

青紫葛

Cissus javana〔*Cissus dicolor*〕

葡萄科白粉藤属

形态特征 又称彩叶白粉藤。多年生草质藤本，依靠卷须攀缘，藤茎长达3m，藤茎和卷须红色。单叶，卵形或披针形，长8～25cm，基部心形，深绿色，在叶脉之间带有白色或银灰色的条带，叶背深红色。圆锥花序小，长5cm，小花淡黄绿色，花期夏季。浆果，深红色。

产地习性 原产印度尼西亚的爪哇。喜温暖、湿润及半阴环境，畏寒，越冬温度应保持在18℃以上。世界各地广泛栽培。我国云南、广西、福建、台湾等地有栽培。

繁殖栽培 播种或扦插繁殖。秋季将成熟的浆果采收，去除果肉，将种子阴干置于冰箱保存，春季播种，种子在21℃条件下，1～2周发芽。夏季剪取藤茎的嫩枝，进行嫩枝扦插繁殖更为容易。彩叶白粉藤是重要的室内盆栽彩叶藤本植物，国内外栽培较为普遍。适宜在温度20～30℃，空气相对湿度控60%～80%的条件下生长。惧怕干旱和低温。散射光条件生长更为合适。

园林应用 彩叶白粉藤为本属植物种最常见的室内盆栽植物，可用于柱状盆栽、悬吊盆栽和棚架栽培。热带地区可室外栽培应用于篱架、围栏及小型棚架。

同属植物 约200余种，主要分布泛热带地区。常见栽培的种还有：

菱叶白粉藤 *Cissus alata*，异名*Cissus rhombifolia*，常绿草质藤本。藤茎长达3m。掌状复叶，革质，小叶3片，呈菱形，有短柄，新叶初期为银白色，成熟后转为光亮的暗绿色，叶背有棕色小茸毛；卷须末端分叉卷曲。原产中美洲的墨西哥至南美洲巴西。本种也是亚热带和温带地区温室常用的盆栽悬吊植物，喜半阴环境，忌日光直射，喜温暖，越冬温度要求5℃以上。

仙素莲 *Cissus quadrangularis*，多年生、多浆攀缘藤本，藤茎长达3m；茎四棱形，具4枚翅。单叶，卵圆形，多基生；掌状复叶3～5，小叶卵形，长3～5cm。聚伞花序与叶对生，花小，绿色或黄绿色。浆果，卵形，熟时黑色。原产东非及亚洲热带地区。可以部分或全光照下生长，但午后应注意蔽荫；生长期间需要大量水分供应。压条繁殖较易。该种越冬最低温度要求15℃以上，可以作为肉质多浆植物观赏，栽植于热带温室或岩石园中。

苦郎藤 *Cissus assamica*，常绿木质藤本，藤茎长达数米。小枝圆柱形，有纵棱纹，伏生稀疏丁字毛或无

毛。卷须粗壮，2叉分枝。叶宽心形，长宽5～7cm，网脉下面较明显。花序与叶对生，二级分枝集生成伞形；花萼碟形，全缘或波状；花小，花瓣4，三角状卵形。果倒卵圆形，熟时紫黑色。花期5～6月，果期7～10月。广布于我国亚热带地区，生于海拔200～1600m的山谷溪边林中、林缘或山坡灌丛。本种叶大、藤长，可作为亚热带地区棚架、篱垣的优良材料；温带地区可引种作为室内棚架攀缘植物栽培。

锦屏藤 *Cissus sicyoides*，多年生草质藤本，藤茎纤细，长达15m。茎节处长出红褐色或灰褐色气生根，犹如一道屏障，长达3～4m,入地后变粗。叶互生，三角状心形。聚伞花序与叶对生，淡绿白色。浆果近球形，成熟时黑色。花期8～10月，果期11～12月。原产美洲。我国南方各地栽培。

袋鼠藤 *Cissus antarctica*，攀缘藤本，藤茎达5m以上。叶卵形，革质，光滑，深绿色。伞形花序腋生，花小，密集，绿色。花期春季至夏季，果期秋季，浆果黑色。产澳大利亚的昆士兰至新南威尔士。国外多栽培，要求冬季越冬温度在7℃以上。

<table>
<tr><td>1</td><td rowspan="2">3</td><td rowspan="2">6</td></tr>
<tr><td>2</td></tr>
<tr><td colspan="2">4</td><td>7</td></tr>
<tr><td colspan="2">5</td><td>8</td></tr>
</table>

1. 青紫葛
2. 菱叶白粉藤
3. 仙素莲
4. 苦郎藤
5. 苦郎藤果序及浆果
6. 锦屏藤气生根如同垂帘一般
7. 锦屏藤枝蔓与叶片
8. 袋鼠藤枝蔓与叶片

山野豌豆

Vicia amoena

蝶形花科野豌豆属

形态特征　多年生草本，高达1m，茎具棱，多分枝，斜升或攀缘。偶数羽状复叶，顶端卷须有2～3分支，小叶4～7对，互生或近对生，椭圆形至卵状披针形。总状花序有花10～30朵，密集着生于花序轴上部，花冠红紫色、蓝紫色或蓝色，花期颜色多变。荚果长圆形，具1～6枚种子，圆形。花期5～8月，果期7～9月。

产地习性　产东北、华北、陕西、甘肃、宁夏、河南、湖北、山东、江苏、安徽等地。俄罗斯西伯利亚及远东、朝鲜、日本、蒙古亦有。自然生于海拔80～7500m草甸、山坡、灌丛或杂木林中。耐寒、耐旱，喜光，也耐半阴，对环境适应能力强。我国北方有引种栽培。

繁殖栽培　播种繁殖为主。春至夏季为播种适期，种皮坚硬，透水性差，硬实率可达50%以上，播种前最好浸种数小时，可提高种子发芽整齐度。

园林应用　山野豌豆生长迅速，适应性强，为优良的防风固沙地被植物，全株蛋白质含量高，为优质牧草植物；也是优美的观赏植物，适宜荒山、坡地及庭院围栏、墙垣等处园林绿化。

同属植物　约200种，我国有30种。引种栽培的还有：

大花野豌豆 *Vicia bungei*，一年生草本。茎有棱，细弱，多分枝，蔓生或攀缘。偶数羽状复叶，具3～4（5）对小叶，叶轴末端为单一或分歧的卷须，小叶长圆形、线状长圆形或倒卵形。总状花序腋生，具2～3朵花，红紫色。荚果长圆形，稍膨胀或扁。花期5～7月，果期6～8（9）月。生于田边、路旁、沙地、山溪旁、湿地或荒地等处。北方偶有栽培，多作为护坡或草地缀花地被植物。

大叶野豌豆 *Vicia pseudo-orobus*，多年生攀缘性草本。叶为偶数羽状复叶，具3～5对小叶，茎上部叶常具1～2对小叶，叶轴末端为分歧或单一的卷须。总状花序腋生，花冠紫色或蓝紫色。荚果长圆形，扁平或稍扁。花期7～9月，果期8～10月。

广布野豌豆 *Vicia cracca*，多年生蔓性或攀缘草本。羽状复叶有卷须，小叶4～12对，狭椭圆形或狭披针形。总状花序腋生，有花7～15朵，花冠紫色或蓝色。荚果长圆形，内有种子3～5粒，黑色。花果期5～9月。适宜做荒山、荒坡及管理粗放地区的环境地被绿化。

<table>
<tr><td>1</td><td colspan="2">3</td><td colspan="2">4</td></tr>
<tr><td rowspan="2">2</td><td colspan="2" rowspan="2">5</td><td colspan="2">6</td></tr>
<tr><td colspan="2">7</td></tr>
<tr><td></td><td>8</td><td>9</td><td>10</td><td>11</td></tr>
</table>

1. 大叶野豌豆
2. 山野豌豆
3. 大花野豌豆花序及卷须
4. 大叶野豌豆果序与荚果
5. 大叶野豌豆
6. 广布野豌豆枝蔓与卷须
7. 广布野豌豆花序
8. 山野豌豆花序
9. 山野豌豆果序与荚果
10. 广布野豌豆果序与荚果
11. 大叶野豌豆花序

首冠藤
Bauhinia corymbosa
云实科羊蹄甲属

形态特征 常绿木质攀缘藤本，茎长达4m，借助卷须攀缘他物生长。嫩枝、花序、花梗和卷须的一面被红棕色小粗毛，卷须单生或成对。叶近圆形，自先端深裂达3/4，裂片先端圆，基部近截形或浅心形。伞房形的总状花序生于侧枝顶端，花多芳香；花瓣白色，有粉红色脉纹，阔匙形或近圆形，边缘皱曲；花丝淡红色；荚果带状长圆形，种子长圆形，褐色。花期4～6月，果期9～12月。

产地习性 分布于我国的福建、广东西南部、海南、广西，自然生于山谷疏林中或山坡阳处。喜光，喜温暖、湿润气候，喜肥沃，排水良好的土壤。越冬要求的最低气温在7℃以上。热带及亚热带地区多栽培，我国福建、华南、澳门等地多有露地栽培。

繁殖栽培 播种或扦插繁殖。播种繁殖于春季进行，种子适宜发芽温度16℃。扦插繁殖在夏季进行，剪取半木质化枝条扦插于有底温加热的插床上。首冠藤耐贫瘠，对土壤适应性强。修剪在花后进行，以剪除过密枝条和短截开过花的侧枝为主，刺激新梢生长，并形成花芽，为次年开花做准备。

园林应用 枝叶致密，生长快速，新叶和卷须飘逸优美，花色淡雅怡人，果实红艳可爱，是热带及亚热带南部地区理想的木本攀缘花卉和垂直绿化植物。可用于花架、墙垣、护栏等处。

同属植物 约250种，国内常见引种栽培的藤本还有：

龙须藤 *Bauhinia championii*，攀缘藤本，具卷须。嫩枝、花序有柔毛。叶卵形或心形。总状花序腋生，花多数，花瓣白色。荚果倒卵状长圆形或带状，扁平，种子圆形，扁平。花期6～10月，果期7～12月。

粉叶羊蹄甲 *Bauhinia glauca*，大型木质藤本，藤茎长达25m。卷须稍扁，旋卷。叶纸质，近圆形，伞房花序式的总状花序顶生或与叶对生，花密集，花瓣白色，倒卵形。荚果带状，种子10～20粒，卵形，扁平。花期4～6月，果期7～9月。

云南羊蹄甲 *Bauhinia yunnanensis*，常绿木质藤本，长达6m，枝有棱或圆柱形。具成对的卷须，卷须扁平而稍被毛。叶阔椭圆形，全裂至基部，弯缺处具一刚毛状尖头，裂片斜卵形。总状花序顶生或侧生，花多朵，花瓣淡红色或白色，倒卵状匙形。荚果带形，扁平，稍弯弓，种子多数，长圆形或阔椭圆形。花期7～8月，果期10月。

<table>
<tr><td rowspan="2">1</td><td>2</td><td rowspan="2">6</td><td rowspan="2">7</td><td rowspan="2">8</td></tr>
<tr><td>3</td></tr>
<tr><td colspan="2">4</td><td rowspan="2">9</td><td colspan="2" rowspan="2">10</td></tr>
<tr><td colspan="2">5</td></tr>
</table>

1. 首冠藤自然景观
2. 龙须藤园林应用
3. 粉叶羊蹄甲花序
4. 首冠藤荚果
5. 首冠藤花序
6. 龙须藤花序
7. 粉叶羊蹄甲
8. 云南羊蹄甲装饰建筑
9. 龙须藤景观
10. 云南羊蹄甲花序

珊瑚藤

Antigonon leptopus

蓼科珊瑚藤属

形态特征 半落叶多年生草质藤本，藤蔓长达10m，借助卷须攀缘，地下有肥大块茎。茎被棕褐色短柔毛，有棱。单叶互生，质薄，心形或卵状三角形。叶面粗糙、有明显的网脉．两面有褐色茸毛；春末至秋季在枝条顶部或近顶部生出总状花序，花多数，密生绯红色花朵，也有白色花的栽培种。

产地习性 原产墨西哥。现今世界热带地区广泛种植。珠江三角洲一带多有栽培，生长良好。性喜温暖湿润气候，喜光，忌阴，荫蔽处生长不佳，花少色淡。不耐寒，非热带地区只能盆栽，温室过冬。

繁殖栽培 播种繁殖为主。春至夏季为播种适期，最好预先浸种，发芽温度为22～28℃，播后15天左右出苗。因茎蔓柔软，从苗期开始即要插竹竿以助其攀缘。实生苗要2年后开花。扦插繁殖应采剪组织充实、生长健壮的枝条，长15～25cm，苗床保持湿润，切忌水分过多，保持适当的光照强度，大约1个月可生根。苗木生育期适温22～30℃。珊瑚藤不耐干旱或水渍，适宜种植在有机质含量高、肥沃、排水性好的沙土中。幼株茎蔓伸长时即要立枝搭架，助其攀缘而向空中发展，如果茎蔓分枝过多，分散植株营养，影响植株的旺盛长势，应及时整枝修剪，即保留2～3条主枝，修除杂乱分枝，引导主枝上架，必要时需用绳索绑扎固定。冬季是适宜修剪的季节。

园林应用 珊瑚藤花色鲜艳绯红，十分适合于花廊、花墙、花架、围栏等立体装饰；若把它圈成花门，则更加别致有趣。

1
2
3

1. 珊瑚藤篱墙式应用栽培
2. 珊瑚藤枝条与花序
3. 珊瑚藤花序

丝瓜

Luffa cylindrica

葫芦科丝瓜属

形态特征 一年生攀缘藤本，茎、枝粗糙，有棱沟。卷须2～4歧。叶三角形或近圆形，长、宽约10～20cm，通常掌状5～7裂，裂片三角形，中间的较长，长8～12cm，顶端急尖或渐尖，边缘有锯齿，基部深心形。雌雄同株。雄花15～20朵花，生于总状花序上部，花冠黄色；雌花单生，花梗长2～10cm；子房长圆柱状。果实圆柱状，有深色纵条纹，未熟时肉质，成熟后干燥，里面呈网状纤维，由顶端盖裂。花果期夏、秋季。

产地习性 原产东半球热带和亚热带地区。性喜温暖气候，耐高温、高湿，忌低温。对土壤适应性强，宜选择土层深厚、潮湿、富含有机质的沙壤土，不宜瘠薄的土壤。中国南、北各地普遍栽培。也广泛栽培于世界温带、热带地区。

繁殖栽培 播种繁殖。春季播种，种子适宜发芽温度为20～25℃，播后1～2周发芽。植株定植株行距为50cm，适宜植株生长发育的温度为15～35℃，从播种至开花约80天。

园林应用 丝瓜适应性强、耐热性好，可观花、观果，也是重要的蔬菜和药用植物，是我国南北庭院棚架、篱垣重要的攀缘植物，也是农业设施种植园的主要栽培作物。

同属植物 约8种，分布于东半球热带和亚热带地区。常见栽培的还有：

广东丝瓜 *Luffa acutangula*，其形态基本与丝瓜相同，但其茎有明显的棱角，卷须下部也具棱。果具8～10条纵棱。我国广东、广西等南方地区多有栽培，北部少见。嫩果可蔬用，成熟时里面的网状纤维称丝瓜络，可代替海绵用作洗刷炊具及家具；还可供药用，有清凉、利尿、活血、通经、解毒之效。

1	2
3	
4	

1. 丝瓜果实
2. 广东丝瓜果实
3. 丝瓜攀缘篱栅
4. 丝花雄花序

酸蔹藤

Ampelocissus artemisiaefolia

葡萄科酸蔹藤属

形态特征 木质攀缘藤本。小枝圆柱形，有纵棱纹，密被白色茸毛。卷须2叉分枝，相隔2节间与叶对生。叶为3小叶，中央小叶卵圆形或菱形，侧生小叶卵圆形，上面绿色，被稀疏蛛丝状茸毛，下面密被白色蛛丝状茸毛。花序与叶对生，复二歧聚伞花序，花蕾近球形，红色。果实近球形，成熟时紫黑色。花期6～7月，果期7～8月。

产地习性 产云南北部及西北部、四川西南部，生于海拔1600～1800m山坡疏林或灌丛中。喜光，也耐半阴，半耐寒，喜凉爽、湿润环境下生长。

繁殖栽培 播种繁殖。秋季采收的种子需经过低温沙藏后，春季播种。

园林应用 酸蔹藤生长迅速，观赏价值较高，夏季生长出串串红色花蕾，而后结出串串果实，适宜长江流域以南地区引种栽培，应用于公路两侧坡地、路旁的垂直绿化。

1
2
3

1. 酸蔹藤及果序
2. 酸蔹藤花序
3. 酸蔹藤枝蔓及花序

蒜香藤

Mansoa alliacea

紫葳科蒜香藤属

形态特征　常绿藤状灌木，可达10m，依靠卷须攀附他物。叶对生，羽状复叶仅有2片小叶，椭圆形，全缘，枝叶和花具有浓浓的蒜香味，揉搓下味道更浓。聚伞花序腋生或顶生，花多而密集，花冠漏斗形，先端五裂。花朵初开时，颜色较深，以后颜色渐淡，每朵花约可维持5～7天。一年能多次开花，每当花朵盛开时，成串的花朵，颇为富丽华贵，以春季和秋季花期最盛。

产地习性　原产于南美洲的圭亚那和巴西。喜温暖湿润气候和阳光充足的环境，生长适温为18～35℃，冬季安全越冬温度要求在5℃以上。我国热带地区有引种栽培。

繁殖栽培　以扦插繁殖为主。春季剪去半木质化枝条扦插，生根成活率高。栽培基质要求疏松、肥沃，排水良好。整形修剪在春季盛花期过后进行。

园林应用　由于蒜香藤叶和花含有有机硫化物，具有多种生物活性，是大蒜油的有效成分，因此蒜香藤是一种兼具养生保健功能的优良观赏藤本植物。可地栽、盆栽，也可作为篱笆、围墙美化或凉亭、棚架装饰之用，还可做阳台的攀缘花卉或垂吊花卉。

1
2
3

1. 蒜香藤坡地栽培应用
2. 蒜香藤枝蔓与叶片
3. 蒜香藤花序

铁线莲类

Clematis spp.

毛茛科铁线莲属

形态特征 多年生草质或木质藤本植物，以叶柄缠绕攀缘。叶多对生，复叶或单叶。花序聚伞状，1至多朵。花形坛状、钏状或轮状；萼片花瓣状，无花瓣；雌、雄蕊多数，各具1胚珠。瘦果两侧稍扁，宿存花柱伸长，被开展长柔毛呈羽毛状。

产地习性 广布于北半球温带；欧美及日本培育园艺品种较多。铁线莲在野生环境中，常与灌木丛伴生。喜凉爽，茎基部与根部略有蔽荫环境。大多数种与品种性耐寒，一般可耐-20℃低温，某些种可耐-30℃。但铁线莲在冬、春干冷地区，枝条连年干枯而死亡。铁线莲喜肥沃、有机质丰富、排水良好的土壤；忌积水或夏季干旱而无保水力的土壤。大多数种类品种喜微酸性至中性土壤环境，但转子莲适宜微碱性土。

繁殖栽培 野生种以播种繁殖为主，因种类不同，种子的发芽速度及所需温度条件差异很大。发芽快的种20℃中1～2周即可；但如转子莲、红花铁线莲种子需经自然界2个低温阶段才可发芽生长，多需要低温沙藏处理。栽培品种多以扦插繁殖为主。扦插时间宜在夏季5～6月，花期过后进行，选择当年半木质化的枝条，剪取节上1.5cm，节下2.5cm的单节作为插穗，将一侧叶片去除，另一侧叶片保留少部。扦插基质可用珍珠岩或颗粒泥炭加粗沙各半。扦插深度宜将插穗插入基质后节上芽刚露在基质表面为宜。地温保持在20～22℃，气温在18～20℃，枝条插后4～6周开始生根，2.5个月后将生根苗盆栽。扦插苗可在不加温的大棚内越冬，翌春换入5～6cm径的花盆内，置于棚外。夏季防强光灼晒。2年生苗可出圃定植。

铁线莲栽培中最忌土壤积水，栽培地点易选择排水良好、适当庇荫的环境，可与小乔木、灌木或常绿绿篱配植，防止阳光灼晒根际土表。种植穴直径应不小于40cm，深60～80cm，底部应垫放5～10cm排水瓦砾，穴距不少于80cm。培养土用50%的粗腐殖质土、10%腐熟粪肥、3%骨粉与疏松肥沃壤土混合均匀。栽植时将根系舒展，根颈部位一定要保持在土表下3～5cm处，根部周围土不要压得太紧实，培土高于周围土表15～20cm，栽后浇透水。

水肥管理应视生长旺盛程度与天气情况酌情处理。营养生长迅速期与开花期需水量较充足，每1～2周需追

1次液体肥料；花后可停止追肥，浇水量也应减少，保持土壤湿润即可。

铁线莲品种众多，其生长开花习性大多由其亲本继承而来，在栽培生产过程中，根据其生长发育特点及枝条的修剪要求把铁线莲分成三大类型：

不修剪型：冬季及早春开花的铁线莲野生种及由其演变的栽培品种，主要包括高山铁线莲*C. alpina*、长瓣铁线莲、绣球藤等野生种及其栽培品种，这类铁线莲的花朵着生在前一年发育良好的枝条上，在栽培过程中不需要对枝条进行修剪，否则影响开花效果。

轻度修剪型：春季末期至夏季开花的大花栽培品种，主要包括铁线莲、转子莲等野生种及由其培育的大花现代栽培品种和杰克曼氏铁线莲品种。春季开花的大花种及品种，第一个花期的花朵开放于头年的老枝上，花芽在秋季霜冻之前就已分化完成。春季开花后，位于开花枝条下部的叶腋处会萌生新枝条，枝条的长度因品种而异，在当年生新枝的顶端于夏季继续形成二次开花。因此该类型的铁线莲需要轻度修剪，以保留成熟的花芽，保证第一次花的花量。

重度修剪型：花于盛夏至秋季开放，主要包括南欧铁线莲、红花铁线莲、甘青铁线莲、长花铁线莲等野生种及其演变的栽培品种。这些铁线莲的花全部着生在当年生新枝条上，早春植株萌芽前，应对植株进行重度修剪，以刺激植株生长和开花。

园林应用　铁线莲是攀缘植物中种类最多，花色最鲜丽，花朵最新颖的大类，有“攀缘植物皇后”的美称。多用于攀缘装饰点缀花柱、拱门、凉亭支架、花架与墙篱等园林小品。也可做切花用于桌饰插花；一些叶姿细腻的种类，可用切叶配花。

1	4
2	5
3	6

1. 铁线莲花
2. 铁线莲瘦果
3. 铁线莲栽培应用
4. 南欧铁线莲‘豪华’
5. 转子莲成熟瘦果
6. 转子莲攀缘围栏

常见栽培种及杂交品种

铁线莲 *Clematis florida*，半常绿或落叶藤本，二回三出复叶。花单生叶腋，花被片4～8，径约10cm，乳白色，瓣背有绿色条纹。产我国中南部，生长于低山区丘陵灌丛中，山谷、路旁及小溪边。近年，日本利用本种作为亲本，已培育出冬季在室内栽培开花的品种如：‘乌托邦’‘Utopia’、‘武藏’‘Musashi’、‘紫丸子’‘Shishimaru’及重瓣品种‘凯撒’‘Kaiser’等。

杰克曼氏铁线莲 *Clematis× jackmanni*，本园艺种是毛叶铁线莲*C. lanuginosa*与南欧铁线莲*C. viticella*的杂交种，植株叶片羽状排列或上部单叶，花径可达15cm以上，花色丰富，花期夏季。常见栽培的品种如：‘白杰克曼’‘Jachmannii Alba’花瓣灰白色，花药淡巧克力色；‘红杰克曼’‘Jackmanii Rubra’花瓣紫红色，花药黄色；‘紫色极品’‘Jackmanii Purpurea Superb’花深紫色。

转子莲 *Clematis patens*，别名大花铁线莲。羽状复叶，小叶片3枚。花单生枝顶，径8～14cm，白色或淡黄色；花柱被金黄色长柔毛。花期5～6月。产山东、辽宁。中国科学院植物研究所植物园利用本种与国外栽培品种杂交获得了一些开花较早（花期4～5月）、花色鲜艳、耐热性好的新品种，如：‘粉凌’‘Fenling’花紫粉色，花丝白色，花药浅黄色；‘红蕊堇莲’‘Hongruijinlian’花浅粉紫色，花丝粉红色，花药深红色；‘粉皱’‘Fenzhou’花粉红色，花瓣皱缩；‘紫星’‘Zixing’花蓝紫色，花丝白色，花药浅黄色。

红花铁线莲 *Clematis texensis*，小叶4～8枚，有蜡质，广卵形。花肉质、钟状，长约2.5cm，红色。瘦果具淡黄色羽状花柱。花期夏、秋间。原产北美。栽培品种主要有：‘荷兰粉’‘Duchess of Albany’，花郁金香形状，深粉红色；‘艾特玫瑰红’‘Etoile Rose’花下垂，钟状，粉红色；‘端庄美’‘Gravetye Beauty’花郁金香形状，绯红色。

南欧铁线莲 *Clematis viticella*，别名意大利铁线莲。叶一至三回羽裂，小叶片不对称。花单生或3朵簇生，蓝色或玫紫色，径5～6cm，花期仲夏至秋季。欧洲早期铁线莲育种的重要亲本之一，栽培品种主要有：‘丰花’‘Abundance’花瓣4，钟状，葡萄酒红色；‘豪华’‘Alba Luxurians’花白色，花瓣中肋淡绿色；‘卷瓣紫’‘Betty Coring’花淡紫色，花瓣顶端反卷；‘紫铃铛’‘Etoile Violette’花下垂，高脚碟形，堇紫色；‘红茱莉亚’‘Mme Julia Correvon’花大，阔铃铛形，亮葡萄酒红色；‘精神焕发’‘Polish Spirit’花高脚碟

形，深蓝紫色；'重瓣紫''Purpurea Plena Elegans'花淡紫色，雄蕊瓣化。

长瓣铁线莲 *Clematis macropetala*，木质藤本。枝无毛，或疏被毛。二回三出复叶；小叶纸质，窄卵形、披针形或卵形，具锯齿。花单生；萼片4，蓝或紫色，斜卵形，密被柔毛；退化雄蕊窄披针形，有时内层的线状匙形，与萼片近等长。产内蒙古、辽宁、河北、山西、陕西、宁夏、甘肃及青海东部，生于海拔2000～2600m山坡、多石处或林中。以本种为亲本选育的优良品种主要有：'蓝鸟''Blue Bird'花半下垂，淡蓝紫色；'粉格迪''Rosy O'Grady'花半下垂，粉紫色；'白天鹅''White Swan'花白色；'马克汉姆之粉''Markham's Pink'花粉色。

芹叶铁线莲 *Clematis aethusifolia*，多年生草质藤本。枝疏被毛或近无毛。二至四回羽状全裂；小裂片线形，窄长圆形或窄三角形。花序腋生并顶生，苞片叶状；萼片4，淡黄色，披针状长圆形或倒披针状长圆形。瘦果宽椭圆形，被毛；宿存花柱羽毛状。花期7～8月。产内蒙古、河北、山西、陕西北部、甘肃及青海，生于海拔200～3000m山坡，溪边或灌丛中。蒙古及俄罗斯西伯利亚有分布。

太行铁线莲 *Clematis kirilowii*，木质藤本，干后变黑。枝疏被柔毛。二回或一回羽状复叶；小叶革质，椭圆形、长圆形、窄卵形或卵形；花序腋生并顶生，3至多花；苞片三角形或椭圆形；萼片4(5～6)，白色。瘦果椭圆形，被柔毛；宿存花柱羽毛状。花期6～8月。产河北西部太行山区、山东、山西南部、陕西南部、河南、湖北、安徽北部及江苏北部，生于海拔200～1700m草坡或林中。

<table>
<tr><td>1</td><td>4</td><td>5</td></tr>
<tr><td>2</td><td colspan="2">6</td></tr>
<tr><td>3</td><td>7</td><td>8</td></tr>
</table>

1. 转子莲'红蕊堇莲'
2. 转子莲'紫星'
3. 转子莲'粉凌'
4. 转子莲'粉皱'
5. 红花铁线莲'艾特玫瑰红'
6. 南欧铁线莲'丰花'
7. 南欧铁线莲
8. 南欧铁线莲瘦果

绣球藤 *Clematis montana*，木质藤本，藤茎可长达10m。三出复叶；小叶纸质，卵形、菱状卵形或椭圆形。花2～4与数叶自老枝腋芽生出，径3～5cm；萼片4，白色，稀带粉红色，开展，倒卵形，疏被平伏短柔毛。花期4～6月。在我国南方广大山区都有分布，生于海拔1200～4000m灌丛或林中、林缘或溪边。主要品种有：'艾利桑德''Alexander'花白色；'伊丽莎白''Elizabeth'花淡粉色，具浓香气味；'完美''Pink Perfection'花粉色，具浓香气味。

甘青铁线莲 *Clematis tangutica*，本质藤本。一至二回羽状复叶。花单生枝顶，或1～3朵组成腋生花序。萼片4，黄色，有时带紫色，窄卵形或长圆形。花期6～9月。产甘肃、新疆、青海、四川西部、西藏及内蒙古，生于海拔1370～4900m草坡、灌丛中或多石砾河岸。19世纪末，作为黄色花的铁线莲资源被欧洲引种栽培。

长花铁线莲 *Clematis rehderiana*，木质藤本。枝疏被毛。二回或一回羽状复叶；小叶5～9，纸质，卵形或五角状卵形。花序腋生，4至多花；萼片4，淡黄色，直立，长圆形。花期7～8月。产青海东部、四川西部、云南西北部及西藏，生于海拔2000～3500m山坡、灌丛中或溪边。尼泊尔有分布。19世纪末，作为黄色花的铁线莲资源被欧洲引种栽培。

1	4	5	6
2	7	8	9
3	10	11	

1. 长瓣铁线莲
2. 芹叶铁线莲瘦果
3. 南欧铁线莲'红茱莉亚'
4. 甘青铁线莲
5. 太行铁线莲
6. 绣球藤
7. 长花铁线莲
8. 太行铁线莲生境
9. 甘青铁线莲瘦果
10. 太行铁线莲生境
11.太行铁线莲花序

豌　豆

Pisum sativum

蝶形花科豌豆属

形态特征　一年生攀缘草本，茎方形，柔弱，空心，长达2m。叶具4～6小叶，小叶长圆形或宽椭圆形，叶轴顶端具羽状分裂的卷须。花单生叶腋或数朵组成总状花序，花冠颜色多样，随品种而异，但多为白色或紫色。荚果肿胀，长椭圆形，内有种子2～10。花期6～7月，果期7～9月。

产地习性　原产欧洲地中海区域和西亚。我国各地广为栽培，世界各地也多有栽培。喜冷凉、阳光充足环境生长，幼苗耐低温，不耐炎热。豌豆对土壤要求不严，在排水良好的沙壤土或新垦地均可栽植，以疏松含有机质较高的中性（pH6.0～7.0）土壤为宜。

繁殖栽培　长江流域多行越冬栽培，秋播秋收；高山地区以及中国北方一般春播夏收。幼苗能耐5℃低温，生长期适温12～16℃，结荚期适温15～20℃，超过25℃受精率低、结荚少、产量低。

园林应用　豌豆是我国南北栽培的重要经济作物之一，常在庭院、房前、屋后栽培，其种子、嫩豆荚、嫩苗和嫩茎叶均可供食用。也可用于绿化装饰。

	2
1	3

1. 豌豆荚果
2. 豌豆枝蔓与卷须
3. 豌豆花

乌蔹莓

Cayratia japonica

葡萄科乌蔹莓属

形态特征 多年生草质藤木。藤茎达7m。茎具卷须，2～3叉分枝。鸟足状复叶，小叶5片，椭圆形或椭圆状披针形，边缘有疏锯齿。复二歧聚伞花序腋生，花小，黄绿色。浆果球形，熟时黑色。花期3～8月，果期8～11月。

产地习性 产陕西、河南、山东、安徽、江苏、浙江、湖北、湖南、福建、台湾、广东、海南、四川、贵州、云南；日本、菲律宾、越南、缅甸、印度、印度尼西亚和澳大利亚也有分布。生于海拔300～2500m丘陵地、山坡灌丛或路边荒地。各地多引种栽培。

繁殖栽培 播种或扦插繁殖。种子采收后，秋季露地苗床直播。剪取成熟枝条，扦插于沙床上，生根容易。本种适应性强，喜光，耐半阴环境，不耐严寒。

园林应用 黄河流域以南冬暖的地区，可作为庭院竹篱、矮墙垣、山石绿化，也可盆栽用于阳台、走廊、扶梯等处的室内装饰材料。

1. 乌蔹莓园林应用
2. 乌蔹莓花序与叶片
3. 乌蔹莓果序

乌头叶蛇葡萄

Ampelopsis aconitifolia

葡萄科蛇葡萄属

形态特征 落叶木质藤本，藤茎可达3m，小枝有纵棱纹。卷须2～3叉分枝。掌状5小叶；小叶3～5羽裂或呈粗锯齿状，披针形或菱状披针形，先端渐尖，基部楔形。伞房状复二歧聚伞花序疏散，花小，不显著，浆果近球形，成熟时橙色至红色。花期5～6月，果期8～9月。

产地习性 产我国东北、华北及西北地区，生于海拔600～1800m沟边、山坡灌丛或草地。喜光，亦耐半阴，耐寒、耐旱，对土壤要求不严。我国北方有栽培。

繁殖栽培 繁殖用播种。种子于9～10月采收后沙藏至翌年春季露地直播。蛇葡萄属植物生态适应性均很强，在成苗栽培过程不需特殊的细致管理就能正常生长。在北方地区特别干旱的季节，尤其是在春季应及时补充2次透水更能促进它的生长。

园林应用 乌头叶蛇葡萄株型郁密丰满，叶形优美，果实鲜艳，悬垂枝间，别具风趣。适宜我国北方种植于公路两侧坡地、林缘、墙垣、池畔或山石旁等处的环境绿化。

同属植物 约30余种，可引种栽培的种或变种还有：

葎叶蛇葡萄 *Ampelopsis humulifolia*，落叶木质藤本。小枝圆柱形，有纵棱纹。卷须与叶对生，2叉分枝。单叶宽卵圆形，质地坚韧，3～5浅裂或中裂，边缘具粗锯齿。聚伞花序与叶对生，花淡黄绿色，花期5～7月，果期7～9月。产华北、西北等地，生于海拔400～1000m山沟地边、灌丛林缘或林中。适于山地公路沿线绿化，北京郊区公路绿化有少量应用。

蛇葡萄 *Ampelopsis glandulosa*，落叶木质藤本，枝条圆柱状，具脊状突起，卷须2～3分叉。单叶3～5裂，通常有不分裂的叶片混生。聚伞花序与叶对生，花小，淡黄绿色，不显著。浆果，熟时紫色或蓝紫色。花期4～8月，果期7～10月。产东北、华北、华中、华南及西南部分地区，生于海拔100～2200m的谷地森林、山坡灌丛的树上或灌木上。北方偶有引种栽培。

1	2	5
3		6
4		

1. 乌头叶蛇葡萄花序
2. 葎叶蛇葡萄成熟浆果果序
3. 葎叶蛇葡萄枝蔓与叶片
4. 蛇葡萄
5. 葎叶蛇葡萄
6. 乌头叶蛇葡萄爬满栅栏

香豌豆

Lathyrus odoratus

蝶形花科山黧豆属

形态特征 一年生攀缘藤本，长达2m，茎多分枝，具翅。叶具1对小叶，叶轴具翅，末端具分枝的卷须，小叶卵状长圆形或椭圆形。总状花序长于叶，具1～4朵花，花冠紫色、白色、粉红、紫红至蓝色，具芳香气味。花期6～9月。国外栽培品种甚多。

产地习性 原产意大利。性喜温暖、凉爽气候，要求阳光充足，肥沃、疏松土壤，忌酷热，可耐0℃以上低温。世界各地广为栽培。长江流域以南地区多栽培。

繁殖栽培 播种繁殖。秋季于冷室或早春容器育苗，每盆播种2～3粒种子，为了促进发芽，播种前种子先在温水中浸泡数小时，从播种到开花约需5个月时间。香豌豆植株生长适宜温度为5～20℃，如气温超过20℃，生长势衰退，花梗变短，连续30℃以上即会死亡。对土壤要求不严，但在排水良好、土层深厚、肥沃、呈中性或微碱性土中生长较佳。

园林应用 可用于小型花架、拱形花廊、篱墙的美化，又可盆栽用作切花观赏。

同属植物 约130种，常见引种栽培的攀缘藤本还有：

大花香豌豆 *Lathyrus grandiflorus*，多年生攀缘藤本植物，茎四棱形，不具翅，长达1.8m。小叶1对，卵形。总状花序，通常有花1～2朵，花大，玫瑰紫色、红色。花期夏季。

宽叶香豌豆 *Lathyrus latifolium*，多年生攀缘藤本植物，茎具翅，长达2m。小叶1对，卵形至卵状披针形。总状花序，有花6～11朵，花大，粉红色至紫色、红色。花期夏季至初秋。

大山黧豆 *Lathyrus davidii*，多年生草本，茎近直立或斜升，稍攀缘，高达1m以上。偶数羽状复叶，小叶6～8片，上部叶轴顶端常具分歧的卷须，下部叶轴多为单一的卷须或成长刺状。总状花序腋生，通常有花10朵以上，花黄色，花期6～7月，果期8～9月。

山黧豆 *Lathyrus quinquenervius*，多年生草本，具横走根状茎。茎通常直立，具棱及翅。偶数羽状复叶，叶轴末端具不分枝的卷须，下部叶的卷须短，成针刺状，小叶质坚硬，椭圆状披针形或线状披针形。总状花序腋生，具5～8朵花，花紫蓝色或紫色。花期5～7月，果期8～9月。

<table>
<tr><td>1</td><td>2</td><td>6</td><td>7</td></tr>
<tr><td colspan="2" rowspan="2">3</td><td rowspan="3">8</td><td>9</td></tr>
<tr><td>10</td></tr>
<tr><td>4</td><td>5</td><td>11</td></tr>
</table>

1. 大山黧豆地被景观
2. 山黧豆花序
3. 宽叶香豌豆
4. 香豌豆庭院栽培应用
5. 香豌豆花序及卷须
6. 宽叶香豌豆花序
7. 山黧豆园林应用
8. 大花香豌豆园林应用
9. 大山黧豆花序
10. 大山黧豆荚果
11. 宽叶香豌豆花序

小果微果藤

Iodes vitiginea

茶茱萸科微果藤属

形态特征 木质藤本。全株除藤茎外均被淡黄、黄或黄褐色柔毛。卷须腋生或生于叶柄一侧。叶薄纸质，长卵形或卵形。伞房圆锥花序腋生，密被毛；雄花序为腋生聚伞式圆锥花序，多密集；雌花序较短。核果卵圆形或宽卵形，熟时红色。花期12月至翌年6月，果期5～8月。

产地习性 原产广东、海南、广西西北部及西南部、贵州东南部、云南东南部，生于海拔120～1300m的沟谷雨林或次生灌丛中。越南、老挝及泰国有分布。喜温暖湿润气候， 喜阳、亦耐阴，不耐寒，喜生于疏松、肥沃、排水良好的酸性土壤上。

繁殖栽培 用播种繁殖，5～8月间采收成熟的红色果实，在室内堆沤数日，使果肉软化，手搓洗出种子，采后露地直播，幼苗期加强水肥管理，当年苗可长到40～50cm，翌年早春分苗。

园林应用 小果微果藤生长迅速，茎叶茂盛，冬春开花，夏季串串果实变红，异常美丽，适宜攀缘花架、绿廊，也可用于低矮竹篱或蔓延山石间，华南地区作露地观果藤本，其他地区室内盆栽观赏。

1. 小果微果藤花序
2. 小果微果藤成熟核果
3. 小果微果藤自然景观

油渣果
Hodgsonia macrocarpa
葫芦科油渣果属

形态特征 常绿木质藤本，长达30m，茎枝粗，具纵棱，无毛。叶大，厚革质，常3～5深裂，全缘，主脉3～5条。卷须颇粗壮，2～5歧。雌雄异株；雄花排成总状花序，雌花单生，花冠辐状，外面黄色，内面白色。果实大，扁球形，径达20cm，具有能育和不育种子各6枚，能育种子长圆形，长达7cm。花果期6～10月。

产地习性 产云南南部、西藏东南部和广西，生于海拔300～1500m的灌丛中及山坡路旁，印度、马来西亚、缅甸及孟加拉国也有分布。我国广东、海南、广西、四川等地栽培。喜高温、高湿和微酸性土壤，不耐轻霜。

繁殖栽培 播种、扦插和压条繁殖。播种繁殖在春季进行。扦插和压条繁殖在夏季进行。露地栽培应在雨量充沛、光照充足、温暖、全年无霜的地区进行。播种苗2～3年后结果。种仁含油约70%、蛋白质20%，淡黄色，明亮清香无毒，为重要的油料作物。

园林应用 本种种子富含油脂，可生食或榨油食用。热带和亚热带南缘地区可露地栽培在庭院的房前屋后，也可种植于大树旁或人工棚架旁，让其自然攀缘生长。种仁和根可入药。

1
2

1. 油渣果栽培应用
2. 油渣果枝蔓与果实

猪笼草

Nepenthes mirabilis

猪笼草科猪笼草属

形态特征 多年生草本或半木质化匍匐或攀缘半灌木。叶互生，长椭圆形，全缘。叶子可分为4部分：基部是叶柄，然后是宽大呈翅状或宽展的叶片，叶片的先端缢缩成细长而弯曲成螺旋状的叶梗，叶梗的顶端膨大成一个直立下垂呈圆筒或瓶状捕虫袋。叶梗由叶片中脉形成，具有卷络他物的能力，向上攀缘生长，能使捕虫袋挂在空中。捕虫袋以绿色为主，上有褐色或红色的斑点和条纹。形状多为圆筒状。捕虫袋的内壁非常光滑，袋口收缩加厚而成为光滑的齿环，有的成为光滑的倒钩。昆虫到了袋口，一旦跌入就很难爬出，袋底正好是小水池般弱酸性的消化液。捕虫袋的捕虫功能可维持长达数月。雌雄异株，总状花序，有萼片3～4枚，花无瓣，不明显。蒴果，种子多数。

产地习性 原产于亚洲热带地区及非洲的马达加斯加和澳大利亚等地，我国华南和海南亦产。性喜温暖湿润、通风和荫蔽环境，忌直射光。适合的生长温度为18～30℃。喜富含腐殖质的疏松土壤，忌在碱性土壤上生长。世界各地广泛栽培。

繁殖栽培 播种和扦插繁殖。播种繁殖较慢。种子成熟后，将种子播于湿润的泥炭或细椰子壳制成的基质表面，保持温度在27℃，约经4～8周可发芽。扦插繁殖多在春季旺盛生长前进行。多用茎尖扦插，基部枝条生根较差。温度在21～27℃，空气湿度在90%的条件下，约经2周可以生根，3～4周后可上盆栽培。猪笼草幼苗生长较慢，3～4年方能结笼。在我国亚热带以北地区，只能在温室内盆栽，越冬温度不能低于12℃，相对湿度保持在75%～85%。夏季温度应控制不超过34℃，相对湿度保持在85%～90%，荫蔽度保持在60%～70%。要求空气新鲜。

园林应用 本种为新奇的食虫观赏植物，适宜在栽培条件较好的温室栽培，用于植物展示、观赏和科普教育。在华南亦作药用。

1	2
3	
4	

1. 猪笼草盆栽垂吊栽培
2. 猪笼草具卷须功能的叶梗和捕虫袋
3. 猪笼草盆栽商品展示
4. 猪笼草作为攀缘植物温室栽培

6 第六章 吸附类藤蔓植物

薜 荔

Ficus pumila

桑科榕属

形态特征 常绿攀缘或匍匐灌木。叶两型，营养枝节上生不定根，吸附他物表面上起固定攀附作用，叶卵状心形，薄革质；结果枝上无不定根，叶革质，卵状椭圆形，全缘。榕果单生叶腋，瘿花果梨形，雌花果近球形；榕果幼时被黄色短柔毛，成熟黄绿色或微红；雄花，生榕果内壁口部，花被片2～3，线形；瘿花具柄，花被片3～4，线形；雌雄异株，雌花生另一植株榕果内壁，花被片4～5。瘦果近球形，有黏液。花果期5～8月。

产地习性 产长江流域至广东、海南各地，多生荒废地及残破墙垣。喜温暖、湿润气候，喜阴，耐旱，适生含腐殖质的酸性土壤。攀缘能力较强，冬季需要在5℃以上环境越冬。世界各地广为栽培；我国南方多露地栽培，北方温室有栽培。

繁殖栽培 播种或扦插繁殖。果实成熟后及时采收，待花序托软熟后，取籽洗净，阴干密藏至翌春播种，种子适宜发芽温度为15～21℃。扦插和压条均可。于春季选健壮的营养枝作繁殖材料。扦插后需搭棚遮阴，或罩塑料膜保湿；基质不宜过湿，插床的地温保持在21～24℃，2～3周生根后及时移出插床，地栽或容器栽培。大苗移栽宜在春季进行，苗木需带宿土，并对枝叶进行适当修剪。当年生枝条爬墙时容易掉落，可人工将枝条固定在墙上，第二年后即可自行攀爬。

园林应用 薜荔适宜在亚热带、热带地区作公路两侧岩坡、坡地、墙垣等处的攀缘绿化，防止水土流失；其叶质肥厚，深绿发亮，全株郁郁葱葱，可增强自然情趣。成熟果实可作凉粉食用；果藤及叶药用。

1	4		
2	5	6	
3	7		8

1. 薜荔自然生长
2. 薜荔覆盖墙面
3. 匍茎榕景观
4. 地果覆盖地面
5. 匍茎榕枝条与榕果
6. 地果成熟榕果
7. 藤榕枝蔓
8. 藤榕叶片

同属植物 约1000种，我国约有100种，常见栽培的藤本植物还有：

匍茎榕 *Ficus sarmentosa*，攀缘或匍匐藤状灌木。叶近革质，卵形或长椭圆形，先端尾尖，基部圆或宽楔形，全缘。榕果单生叶腋，球形或近球形，熟时紫黑色。花期5～7月。产西藏，生于海拔1800～2500m林内。本种下有数个变种在我国热带、亚热带地区广为分布，常生长在林内、林缘或攀缘在岩石斜坡树上或墙壁上。国内外多栽培应用。

地果（地瓜）*Ficus tikoua*，又名地瓜藤。匍匐木质藤本，茎上生细长不定根，节膨大；幼枝偶有直立的。叶坚纸质，倒卵状椭圆形，边缘具波状疏浅圆锯齿。榕果成对或簇生于匍匐茎上，球形至卵球形，成熟时深红色，表面多圆形瘤点。花期5～6月，果期7月。产长江以南地区。常生于荒地、草坡或岩石缝中，是良好的水土保持植物。国外有引种栽培，南方偶有栽培。

藤榕 *Ficus hederacea*，藤状灌木，茎、枝节上生根。幼枝被柔毛。叶2列，厚革质，椭圆形或卵状椭圆形，先端钝，基部宽楔形。榕果单生或成对腋生或生于落叶枝叶腋，球形，熟时黄绿至红色。花期5～7月。产广东、海南、广西、贵州、云南西部及南部。南方有栽培。

扶芳藤

Euonymus fortunei

卫矛科卫矛属

形态特征 常绿藤状灌木或匍匐藤本，枝条具气生根，依靠气生根攀附他物。叶对生，薄革质；叶形变化较大，从椭圆形至长圆状椭圆形或长倒卵形，叶片大小差异明显，长3.5～8cm，沿主脉有绿白色条纹；基部楔形，边缘齿浅不明显，侧脉不明显。聚伞花序3～4次分枝，花序梗长1.5～3cm，每花序有4～7花，分枝中央有单花。花绿白色，径约0.6cm。蒴果近球形，熟时粉红色，果皮光滑。花期6月，果期10月。

产地习性 产黄河流域以南地区，分布广泛。多生于海拔300～2000m山坡丛林、岩石缝中或林缘。性喜温暖、湿润的气候，耐寒、耐干旱和瘠薄的土壤，在半光至全光照条件下均能正常生长，对环境的适应能力强。华北、华中地区多栽培应用。

繁殖栽培 播种或扦插繁殖。不同种源地采集的种子播种繁殖幼苗的形态特征、生长习性和抗逆性会有一定的分离现象，应根据栽培和研究的目的来确定采用何种繁殖方式。种子具休眠习性，播种繁殖应在秋季室外播种或经过湿沙低温冷藏后春季条状播种。生产上，通常采用半木质化枝条扦插繁殖，在20～26℃的温度条件下约2～3周即可生根。近年北京园林科技人员选育的‘宽瓣’扶芳藤和‘红脉’扶芳藤在北京地域范围以南的温带地区越冬能力强，对光线和土壤的适应性好，被大量种植应用。

园林应用 扶芳藤适应性强并且具有很高的观赏性，是北方地区优良的常绿藤蔓园林植物和水土保持的好材料。直立攀缘类型品种可用于城市垂直绿化，匍匐类型品种是公共绿地、公路两侧的固土护坡、水土保持、边坡绿化和砂石岩、石灰岩地区等地绿化的良好材料。

常见品种 ‘红脉’扶芳藤‘Hongmai’，枝条匍匐性较强，叶片深绿色，具红色叶脉，秋末至冬季，叶色变红；‘宽瓣’扶芳藤‘Kuangban’，半直立藤状灌木，叶片绿色，花瓣宽，叶片冬季不变色；‘银皇后’扶芳藤‘Silver Queen’，半直立藤状灌木，叶缘具白边；‘金边’扶芳藤‘Emerald’n’Gold’，半直立藤状灌木，叶缘具黄边。

同属植物 约200余种，可引种栽培的攀缘种类还有：

刺果卫矛 *Euonymus acanthocarpus*，常绿藤状或直立灌木，高达3m。小枝密被黄色细疣突。叶对生，革质，

长圆状椭圆形或窄卵形。聚伞花序较疏大，多2～3次分枝，花黄绿色。蒴果近球形，被密刺，成熟时棕褐色带红色，假种皮橙黄色。产长江以南地区，生于海拔600～2500m山谷、林内、溪旁阴湿处。

棘刺卫矛 *Euonymus echinatus*（异名无柄卫矛 *E. subsessilis*），灌木或藤状灌木，高达7.5m。叶对生，近革质，椭圆形、窄椭圆形或长圆状窄卵形，通常无柄。聚伞花序2～3次分枝，花绿色。蒴果近球形，被密刺，成熟时棕红色，假种皮红色。花期5～6月，果期8月以后。产长江以南地区，生于海拔500～2000m山沟林中、阴湿岩壁上。

<table>
<tr><td rowspan="2">1</td><td>2</td><td rowspan="2">7</td></tr>
<tr><td>3</td></tr>
<tr><td colspan="2">4</td><td>8</td></tr>
<tr><td>5</td><td>6</td><td>9</td></tr>
</table>

1.‘红脉’扶芳藤攀爬树干绿化
2. 扶芳藤地被应用
3. 扶芳藤枝条与果序
4.‘宽瓣’扶芳藤成熟蒴果
5.‘金边’扶芳藤
6.‘银皇后’扶芳藤
7. 棘刺卫矛果序
8. 刺果卫矛自然景观
9. 棘刺卫矛枝条与成熟蒴果

冠盖绣球

Hydrangea anomala

绣球花科绣球属

形态特征 落叶攀缘大藤本，藤茎长达20m，茎蔓常具气生根附着他物上，用气生根攀缘生长，老枝茎皮薄片剥落。叶纸质，宽卵形或卵形，先端尖或渐尖，基部心形或圆形，长6～17cm；花序为伞房状聚伞花序，径15～25cm，不孕花无或少，花白色，6～7月开花，雄蕊9～20，花柱2，不孕花生于四周边缘，径3cm，萼瓣全缘，可孕花的花瓣连合成一冠盖花冠，整个脱落；蒴果扁球形；种子有翅。花期5～6月，果期9～10月。

产地习性 分布于我国西藏、四川、云南、浙江等地，生长在海拔500～2900m山谷溪边、山坡密林或疏林中。喜荫蔽、湿润、凉爽的环境，半耐寒，忌高温和干燥。国外多引种栽培，国内栽培较少。

繁殖栽培 扦插繁殖。由于藤茎枝条上易形成气生根，因此用扦插或压条繁殖极易成活。初夏嫩枝扦插最易生根。栽培地点应注意选择荫蔽地方，栽培土壤为中性至微酸性，肥沃而排水良好。长江以北地区露地栽植越冬困难，需要小环境或盆栽冷室越冬。栽植时，应特别注意保持湿润条件，夏季应荫凉，惧高温和干燥。

园林应用 本种生长茂盛，在欧、美等国被广泛应用于庭院的垂直绿化。本种是覆盖墙面的极好材料，但不耐严寒，可用于亚热带地区城市的立体绿化，用于山石、墙垣和棚架等处覆盖。

1
2
3

1. 冠盖绣球攀附树干
2. 冠盖绣球枝蔓
3. 冠盖绣球花序

龟背竹
Monstera deliciosa
天南星科龟背竹属

形态特征 常绿藤本，茎绿色，粗壮，长达10～20m，其上生有深褐色气生根，藤茎依靠气生根攀缘他物生长。叶厚革质，互生，暗绿色或绿色，幼叶心脏形，无孔，成年叶片矩圆形，长30～90cm，宽20～60cm，具不规则的羽状分裂，叶脉间有椭圆形穿孔，形似龟背。叶柄长30～50cm，深绿色，有叶痕，叶痕外有苞片，革质，黄白色。肉穗花序，长20～30cm。

产地习性 原产墨西哥至中美洲，在原产地，龟背竹常附生于热带雨林的大树、岩壁或枯立木上。喜温暖、潮湿的环境，忌阳光直射、忌干旱，要求土壤肥沃，排水良好。世界各地多引种栽培。我国亚热带以北地区只能在温室中栽培，热带温暖地区可露地栽培。越冬温度要求在10℃以上。

繁殖栽培 用压条和扦插繁殖。压条在5～8月份进行。经过3个月可切离母株，成为新的植株。扦插在4～5月进行。从茎节先端剪取插条，每段带2～3个茎节，去除气生根，带叶或去叶插于沙床中，保持一定的空气湿度，待生根后移入盆钵中。还可以在春、秋季，将龟背竹的侧枝整枝剪下，带部分气生根，直接栽植于木桶或水缸，成活率高，成型迅速。龟背竹对低温和干燥有一定的耐受力，可耐短时间5℃低温，适宜植株生长的气温20～25℃，空气相对湿度为60%～70%。

园林应用 龟背竹攀缘性强，叶态奇特，气生根下垂，是一种著名的观叶植物。华南温暖地区可露地栽培，用于吸附墙壁或攀附棚架生长；北方地区多用作盆栽观赏，或种植于温室荫蔽墙下或水池旁沿墙壁攀缘生长。

同属植物 约25种，常见栽培的还有：

斜叶龟背竹 *Monstera obliqua*，茎扁平，绿色。叶缘完整，叶脉偏向一方。株型弱小，可做中小盆栽，也可作悬挂植物。原产南美洲亚马孙地区。

1	
2	
3	4

1. 龟背竹苞片和肉穗花序
2. 龟背竹温室栽培应用
3. 龟背竹肉穗果序
4. 斜叶龟背竹盆栽应用

合果芋

Syngonium podophyllum

天南星科合果芋属

形态特征 多年生常绿蔓性植物，藤茎长达2m，茎上有多数气生根，可攀附于他物上生长。叶互生，幼叶箭形，淡绿色，老熟叶常三裂似鸡爪状深缺，深绿色。花佛焰苞状，里面白或玫红色，背面绿色。花期秋季。变种白纹合果芋var. *albo-lineatum*园艺品种很多，如‘白蝶’合果芋‘White Butterfly’叶片盾形，边缘有绿色斑块和条纹；‘绿金’合果芋‘Green Gold’叶箭形，中、侧脉附近具黄白色；‘黄白’合果芋‘Imperial White’叶戟形，叶缘绿色并有不整齐的斑驳，叶面大部分为白黄色。

产地习性 原产中、南美洲墨西哥、巴拿马至巴西热带雨林。喜高温、高湿的半阴环境及肥沃、疏松而排水良好的微酸性土壤；忌低温寒冷，越冬温度在15℃以上。世界各地广为栽培。我国南北均有大量栽培应用。

繁殖栽培 多用扦插繁殖。每根插条有2～3个节。对于扦插基质无特殊要求。沙、蛭石、珍珠岩均可。除冬季外，其他季节均可扦插。在热带温暖地区，合果芋可作为林下地被栽种，并可自然附于树干上生长。只需在干旱时期进行数次浇水，即可良好生长。亚热带以北地区作为盆栽观赏植物，像栽培绿萝那样制作图腾柱式栽植，或做吊挂种植栽培。栽培地点选取在无直射光、多散射光的地方，适宜生长的温度在15～25℃。

园林应用 合果芋是典型的室内观叶植物，被广泛用作图腾柱式栽植，或直接用作悬垂吊盆装饰栽培。

同属植物 约30余种，均产美洲热带，大多数都可用于室内栽培。常见栽培的还有：

窄叶合果芋 *Syngonium angustatum*，与合果芋相似。但成龄叶逐渐变窄，并在幼龄阶段出现3～5裂。原产中美洲。栽培品种‘白线叶’合果芋‘Albolineatum’沿中脉与侧脉有白色，有时仅边缘为绿色。

五指合果芋 *Syngonium auritum*，叶片3～5裂，最外部小裂片基部有小耳状裂，深绿色，极光滑，中裂片长可达30cm，宽约为长之半，初生侧脉与中脉近垂直。佛焰苞长约28cm，带黄色，喉部红紫色。原产牙买加与拉丁美洲。

1	3	4	
2	5	6	
		7	8

1.‘白蝶’合果芋
2. 合果芋园林应用
3.‘绿金’合果芋
4. 白纹合果芋
5.‘黄白’合果芋
6.‘白线叶’合果芋
7. 合果芋气生根与藤茎
8. 五指合果芋

红苞喜林芋
Philodendron erubescens
天南星科喜林芋属

形态特征 又称红柄喜林芋。多年生常绿藤本植物，藤茎长达6m。茎粗壮，节部有气生根，依靠气生根攀附他物攀缘生长。叶柄、叶背和幼嫩部分常为暗红色，叶片卵圆状三角形，长达30cm，宽15cm，有光泽。佛焰苞船形，长达15cm，紫红色，肉穗花序白色，通常不开花。

产地习性 原产美洲热带哥伦比亚一带。通常生长在热带雨林，攀附树木生长。喜温暖、潮湿和半阴环境，喜在高温多湿的条件下生长，越冬最低气温为15℃。世界各地广泛栽培。

繁殖栽培 扦插繁殖，通常于气温较高的4～9月间进行。栽培基质选用腐叶土(泥炭土)加1/4粗河沙，大株亦可用草炭土或沙质壤土。适宜的生长温度为20～30℃，空气湿度应在70%左右。生长季节每两周一次液态氮肥，并须经常浇水；每天对叶片喷水2次，冬季要用微温水浇喷，用软化水或雨水更好。

园林应用 本种是室内著名大型观叶植物，主要制作成图腾柱式栽培，通常每盆栽植3株，株态壮观适合于室内、厅堂栽培装饰。也可种植于温室的山石、水池旁，使其攀缘覆盖硬质建筑物。

栽培品种：‘红宝石’红苞喜林芋‘Red Emerald’，嫩叶片富紫红色光泽；‘绿宝石’红苞喜林芋‘Green Emerald’茎、叶、片、叶柄嫩梢、叶鞘均为绿色；‘绿帝王’红苞喜林芋‘Imperial Green’节间短，绿色叶较密集；‘红苹果’红苞喜林芋‘Pink Priencess’叶片短而宽，叶色有紫铜光泽；‘皇后’红苞喜林芋‘Royal Queen’全株富有暗紫铜色泽等。

同属植物 约500余种，国内常见栽培的攀缘种有：

箭叶喜林芋 *Philodendron melanochrysum*〔*Philodendron andreanum*〕叶片长圆状箭形，长达1m，主脉白色，亮绿色有黄晕，背面略带红褐色。原产哥伦比亚。

心叶蔓绿绒（攀缘喜林芋）*Philodendron scandens*，叶心形，嫩叶略带红色，成龄叶绿色，具5～6对明显脉。原产墨西哥、印度尼西亚西部。

喜林芋 *Philodendron imbe*，藤茎粗壮，紫红色，具长气生根。叶卵状长圆形至箭形，表面具光滑纹理。佛焰苞乳白色或绿色。产巴西东部和南部。

1	2	6	
3		7	8
4	5		9

1. 红苞喜林芋园林应用
2. 心叶蔓绿绒室内盆栽应用
3. ‘皇后’红苞喜林芋
4. ‘红宝石’红苞喜林芋
5. ‘绿宝石’红苞喜林芋
6. 心叶绿萝盆栽商品苗
7. 红苞喜林芋红色苞片
8. ‘绿帝王’红苞喜林芋
9. 喜林芋室内盆栽

胡　椒

Piper nigrum

胡椒科胡椒属

形态特征　多年生常绿木质攀缘藤本，藤茎长达6m，节显著膨大，常生小根，依靠气生根附着他物向上生长。叶近革质，宽卵形或卵状长圆形，顶端短尖，基部圆，稍偏斜。花杂性，常雌雄同株，花序与叶对生，短于叶或与叶等长，苞片匙状长圆形，花小，不显著。核果球形，成熟时红色。花果期6～10月。

产地习性　原产于东南亚，作为经济作物现广植于热带地区。性喜温暖、潮湿环境，喜肥沃、疏松、深厚的微酸性沙壤土，不耐低温。我国台湾、福建、广东、广西、云南、海南均有栽培。

繁殖栽培　播种或扦插繁殖。春季播种，种子适宜发芽温度为20～24℃。扦插繁殖在夏季进行，剪取半木质化枝条进行繁殖，枝条生根容易。植株适宜生长在年平均温度22～28℃及年降雨量1800～2800mm的地区。当旬平均温度降至15℃时基本停止生长。苗期和定植初期需荫蔽，成龄期要阳光充足。新蔓抽生时，应及时绑蔓以助攀缘。主蔓生长到一定长度时要打尖、整形修剪。

园林应用　在热带地区常以树木、水泥柱或木质格架等为支撑物使其攀缘生长，作为立体绿化材料，其果实为重要的调味品。

同属植物　约2000余种，主要分布于热带地区。我国有60种，常见栽培的还有：

山蒟 *Piper hancei*，多年生草质攀缘藤本，藤茎长达10m以上。叶卵状披针形或椭圆形，稀为披针形，先端短尖或渐尖，基部渐狭或楔形，有时钝。花单性，雌雄异株，组成与叶对生的穗状花序，常生于小枝上部至顶部。核果球形，黄色。花期3～8月。分布于华南及中南地区。常作为热带地区林中景观攀缘植物栽培应用。

<table>
<tr><td colspan="2">1</td></tr>
<tr><td rowspan="2">2</td><td>3</td></tr>
<tr><td>4</td></tr>
</table>

1. 胡椒‘柱式’栽培
2. 山蒟生境
3. 山蒟穗状花序
4. 山蒟果序与成熟核果

量天尺

Hylocereus undatus

仙人掌科三棱柱属

形态特征 附生性肉质藤状灌木，利用气根附着于树干、墙垣或其他物体上，茎多分枝，具3棱，棱常翅状。节具气生根。花单生，大型，漏斗状，芳香，萼片基部连合成长管状，有线状披针形大鳞片，花冠外瓣黄绿色，内瓣白色。浆果长圆形，红色。花期5～9月，晚间开放。

产地习性 广泛分布于美洲热带和亚热带地区，我国广东、广西、福建也有分布。喜温暖、湿润气候，喜光，也耐半阴环境，耐干旱，怕低温，在肥沃的沙壤土上生长良好。世界各地广泛栽培。

繁殖栽培 扦插繁殖，成活率较高，全年可进行。植株生长适温25～35℃，越冬温度宜在10℃以上。将很少开花的老枝和生长旺盛新芽下的弱芽剪除，使营养集中供应顶芽，促其充分发育、生长开花。

园林应用 茎肥厚、分枝多，生长茂盛，常作为热带地区山石配景和墙垣绿化。其他地区多做室内栽培。

<table>
<tr><td rowspan="2">1</td><td>2</td></tr>
<tr><td>3</td></tr>
<tr><td colspan="2">4</td></tr>
</table>

1. 量天尺园林应用
2. 量天尺花
3. 量天尺浆果
4. 量天尺藤蔓

绿　萝

Epipremnum aureum

[*Scindapsus aureus*]

天南星科麒麟叶属

形态特征　常绿大藤本，藤蔓长达10m以上，茎节有气生根，可附着其他物体上攀爬。叶广椭圆形或卵形，蜡质，暗绿色，有的镶嵌着金黄色不规则斑点或条纹，长达60cm。常见栽培品种‘白金葛’‘Marble Queen’白色斑块占叶片2/3以上，叶斑和茎上也有白斑；‘黄金葛’（‘金皇后’）‘Gold Queen’，叶片上的黄色部分较绿色多，观赏效果好。

产地习性　原产印度尼西亚所罗门群岛。喜温暖湿润的气候和半阴环境，要求土壤疏松、肥沃、排水良好。冬天最低温不低于10℃。现世界各地温室广为栽培，作室内植物观赏。

繁殖栽培　用压条或扦插繁殖，环境条件适宜，全年均可进行繁殖，但以春季枝条扦插繁殖最容易。绿萝适宜常年生长在半阴的环境，春、夏、秋三季在温室中栽培需要遮去适量的阳光，冬季可以接受阳光的充分照射。在高温多湿的条件下生长旺盛。北方盆栽时需设立支柱，并在支柱上打孔，外面用棕皮或塑料窗纱包裹，气生根可通过棕皮长入孔内，使植株固定，并向上攀缘生长。做垂吊栽培时，因向下生长，叶片则逐渐变小。生长适宜温度夜晚为14～18℃，白天为21～27℃。

园林应用　绿萝攀缘性极强，吸附于墙壁或树干上生长极为繁茂，是华南热带地区园林中吸附墙壁垂直绿化或攀附林下的良好观叶花卉。北方多做大型、中型立柱栽培观赏，也可盆栽做悬吊植物。

<table>
<tr><td rowspan="2">1</td><td rowspan="2">2</td><td rowspan="2">4</td><td>5</td></tr>
<tr><td>6</td></tr>
<tr><td colspan="2">3</td><td colspan="2">7</td></tr>
</table>

1. 绿萝阳台垂直绿化应用
2. 麒麟叶园林应用
3. 绿萝庭院垂直绿化应用
4. 绿萝室外垂直绿化应用
5. ‘黄金葛’绿萝
6. ‘白金葛’绿萝
7. ‘银星’星点藤

同属植物 约20种，常见栽培的还有：

星点藤（褐斑绿萝、彩叶绿萝）*S. pictus*，叶长约15cm，表面具淡褐色斑纹，叶柄较短。产马来半岛。园艺品种有：'银星'（'银点白金葛'、'银叶彩'绿萝）'Argyraeus'叶面具银白色斑点，更有活泼感；又较耐阴，是室内蔽荫处理想的攀缘观叶植物，也适宜吊挂装饰。

麒麟叶 *Epipremnum pinnatum*，大型常绿藤本，多分枝，依靠藤茎上的气生根攀缘，藤蔓长达15m。叶片薄革质，叶极大而浓绿，叶形多变，幼叶狭披针形或披针状长圆形，基部浅心形，成熟叶沿中肋有两列星散长达2mm的小穿孔，两侧不等羽状深裂，裂片4～10对，剑形而稍弯。肉穗花序圆柱形。佛焰苞外面绿色，里面黄色。花期4～5月。原产于我国台湾、海南、广东、广西及云南的热带地区林中，常攀附于岩石或大树上。我国福建等地有栽培。

美国凌霄
Campsis radicans
紫葳科凌霄属

形态特征 又称厚萼凌霄。落叶大藤本，茎长达10m以上，树皮灰褐色，小枝紫褐色，以藤茎上的气生根攀附他物。奇数羽状复叶对生，小叶9～11枚，椭圆形至卵状矩圆形。聚伞状圆锥花序顶生，花冠漏斗状钟形，橘红色。蒴果长条形，豆荚状。花期6～9月。果熟期10～11月。

产地习性 原产美国东南部。喜光，稍耐阴，较耐寒、耐旱和耐瘠薄。我国南北各地广泛栽培。

繁殖栽培 播种或分根繁殖。播种繁殖幼苗一般需经过3～5年的培育才能开花。分根繁殖多在早春将植株周围的萌蘖挖出另行栽植即可；也可于秋季将植株四周的根系挖出，切成10cm左右的根段，埋放在插床上进行催芽处理，成苗率可达90%以上，春季另行定植。美国凌霄是本属中最为耐寒的一种，适应性极强，不择土壤，一般不需要特殊关照，生长极为迅速。由于北方冬季寒冷且干旱常会造成部分发育不充实的1年生枝条枯死，春季萌芽前应及时进行修剪。

园林应用 凌霄多攀附在他物生长，应定植在棚架、花廊、假山、枯树、墙垣及立交桥等建筑物的背风向阳面，依靠其根吸附生长。也可种植在公路两侧的坡地上，利用其根系产生的大量萌蘖迅速覆盖地表，起到护坡保持水土和公路的绿化美化作用。

同属植物 2种，常见栽培还有：

凌霄 *Campsis grandiflora*，又名大花凌霄，落叶藤木，茎达6～10m，多有吸附根。羽状复叶对生，小叶5～7枚。聚伞状圆锥花序顶生，花冠漏斗状钟形，径6～9cm，花冠筒喉部橘黄色带红色脉纹，裂片颜色较淡。花期7～9月。果熟期10～11月。原产我国中部及日本，黄河流域以南地区露地栽培，可安全越冬。

杂种凌霄 *Campsis×tagliabuana*，是利用中国凌霄与美国凌霄为亲本所做的种间杂种。常呈灌木状攀附生长，茎达10m。本种较好地继承了双亲的特点，有许多栽培品种。较耐寒，欧美庭院绿化中常见栽培，我国引种栽培不多。

1	2	5	
3			
4		6	7

1. 美国凌霄花序
2. 美国凌霄果序
3. 美国凌霄庭院栽培应用
4. 凌霄庭院栽培应用
5. 美国凌霄拱形花廊
6. 凌霄花序
7. 杂种凌霄花序

爬树龙

Rhaphidophora decursiva

天南星科崖角藤属

形态特征 附生常绿木质攀缘藤本，长达8m。茎粗壮，径3～5cm，生多数肉质气生根。叶卵状长圆形或卵形，基部浅心形，不等侧羽状深裂达中肋，裂片6～9（～15）对。花序腋生，序柄长10～20cm，佛焰苞肉质，黄色，卵状长圆形，长17～20cm。肉穗花序无柄，灰绿色，圆柱形，浆果锥状楔形，绿白色。花期5～8月，果翌年夏秋成熟。

产地习性 产福建、台湾、广东、广西、贵州、云南、西藏东南部，自然生于海拔2200m以下，常见于季雨林和亚热带沟谷常绿阔叶林内，匍匐于地面、石上，或攀附于树干上。性喜温暖、湿润、荫蔽的环境。不耐寒，较耐旱。忌强阳光直晒。南方有引种栽培。

繁殖栽培 扦插繁殖为主，可于春末夏初取其圆柱形茎带叶2～4节，叶片需剪去2/3，插于沙中。保持湿润，很容易生根。在南方温暖地区可露地种植。在温带地区只能盆栽，并设立支架。在温度不低于7℃的室内越冬。夏季可放于阴棚内养护，经常叶面喷水和追肥。

园林应用 爬树龙在高温、高湿的环境下生长快，攀缘性强，可作热带和亚热带南部地区建筑物表面覆盖的垂直绿化材料或点缀山石环境。北方也可盆栽供观赏。

1
2

1. 爬树龙叶片
2. 爬树龙攀缘景观

球 兰

Hoya carnosa

萝藦科球兰属

形态特征 多年生常绿攀缘藤本，节间有气生根，依靠气生根附着他物生长，藤茎长达6m。叶对生，肉质，卵状长圆形或椭圆形。聚伞花序伞状，腋生，小花多达30朵，花冠蜡状，白色，有时中心粉红色，小花呈星形簇生，清雅芳香。蓇葖果窄披针状圆柱形，种子先端具白色绢质种毛。花期4～11月，果期7～12月。

产地习性 产我国台湾、福建、浙江、广东、广西、云南，生于海拔200～1200m山林中，常附生树上。印度、越南及日本也有分布。性喜温暖、潮湿、半阴环境，忌直射光，喜排水良好、肥沃的沙壤土，不耐寒。越冬温度要求在7℃以上。本种为著名室内观叶、观花园林植物，世界各地普遍栽培。我国南方热带地区可露地栽培，其他地区温室栽培。

繁殖栽培 播种或扦插繁殖。春季播种，种子适宜发芽温度为19～24℃。扦插繁殖在夏季进行，剪取长约10cm的茎端，并在切口蘸生根粉，扦插在有底温加热的插床上，保持插床温度在21～25℃，4～6周生根。球兰生育期内喜温暖及潮湿环境，生育适温18～28℃；10月中旬后，温度应为10～14℃，置于干燥、光照充足处越冬。开花植株花朵凋谢后可摘除残花及花梗，但不要损坏花序总梗，更不可将花后的枝条剪去，这样来年总花梗上可继续抽生花朵。修剪幼株宜早摘心，促使分枝，并及时设立支架，使其向上攀附生长。

园林应用 球兰枝蔓柔韧，可塑性强，可制作各种形式的框架，令其缠绕攀缘其上生长，形成多姿多彩的各种造型，其吊挂装饰垂悬自然，观赏期长，花朵清香，也适于攀附与吊挂栽培。

同属植物 约200余种。常见栽培的还有：

铁草鞋 *Hoya pottsii*，附生攀缘藤本，长达1m以上。叶肉质，卵圆形至卵圆状长圆形，基脉3条。聚伞花序伞形状，腋生；花冠白色，裂片宽卵形，内面具长柔毛。蓇葖果线状长圆形。花期4～5月，果期8～10月。产云南、广西、广东和台湾等地。生于海拔500m以下的密林中，附生于大树上。叶药用。

1	2
3	
4	

1. 球兰花序
2. 铁草鞋花序
3. 球兰叶片
4. 球兰室内垂吊栽培应用

五叶地锦

Parthenocissus quinquefolia

葡萄科爬山虎属

形态特征 又称美国地锦、五叶爬山虎。大型落叶木质藤本，小枝幼时紫红色，藤茎长达5m以上，全株无毛，卷须与叶对生，有5～9条分枝，顶端有吸盘。掌状复叶，小叶5片，纸质，倒卵圆形、倒卵状椭圆形或外侧小叶椭圆形，边缘有粗锯齿。圆锥状多歧聚伞花序假顶生，花小，不显著。浆果，球形，成熟时蓝黑色。花期6～7月，果期8～10月。

产地习性 原产北美至中美洲地区。喜光，亦耐半阴，耐寒和耐旱，亦耐高温。该种较爬山虎的耐寒、耐旱及耐高温烘烤的能力稍强，枝条的年生长量大，故此在东北、华北、西北等北方地区栽培较早较多，长江流域也广泛栽培。

繁殖栽培 播种或扦插繁殖。播种繁殖在秋季进行，10月种子采收后除去果皮，用清水洗净后直接播于冷室，或将种子稍晾晒一下，用湿沙进行层积贮藏，待翌年春播。扦插繁殖宜在落叶后至萌芽前进行，挑选健壮母株的营养枝，切取中上部位的枝条，每段长10～12cm，插入事先准备好的日光型塑料大棚的苗床中，深度以插穗顶端留出一个芽节为宜，覆土压实，再把水喷透，第二年早春将生根苗取出，另行栽培，生根成活率可达90%以上。整形修剪可随时进行。

园林应用 生长季节翠叶遍盖如屏，深秋红叶绚丽，十分艳丽，是我国南北城市优良的垂直绿化材料。若使其攀附于岩石、墙壁或山区公路两侧，则可增添无限生机。

<table>
<tr><td rowspan="2">1</td><td>2</td><td>6</td><td>7</td></tr>
<tr><td>3</td><td colspan="2" rowspan="2">8</td></tr>
<tr><td colspan="2">4</td></tr>
<tr><td colspan="2">5</td><td colspan="2">9</td></tr>
</table>

1. 五叶地锦果序
2. 花叶地锦掌状复叶
3. 地锦护坡绿化应用
4. 五叶地锦覆盖山石
5. 五叶地锦墙面绿化应用
6. 异叶爬山虎
7. 地锦花序
8. 花叶地锦墙垣绿化应用
9. 地锦绿化墙面

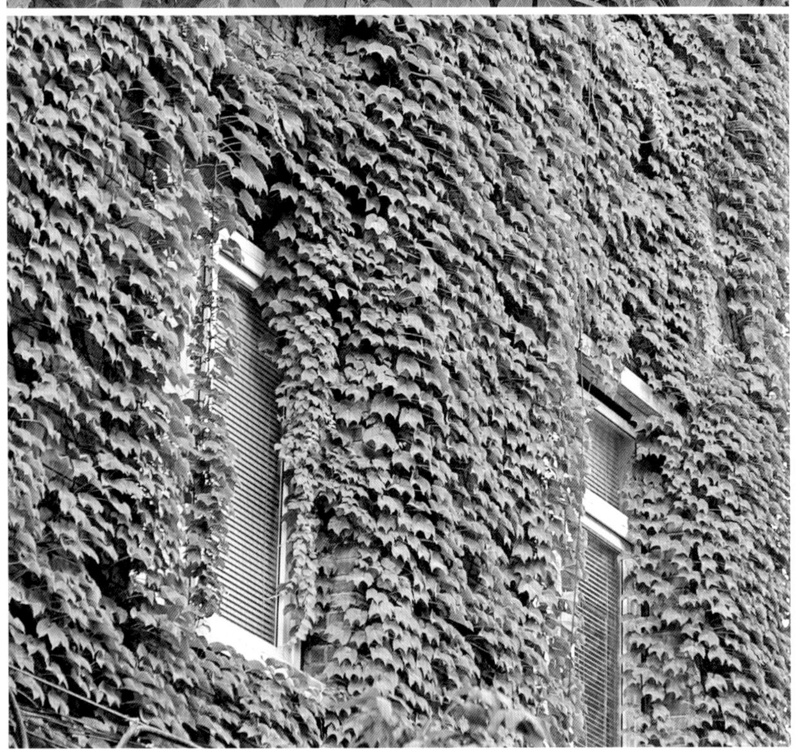

同属植物　约10种。常见栽培的还有：

地锦（爬山虎）*Parthenocissus tricuspidata*，又名地锦，落叶木质大藤本，枝条粗壮，卷须短，多分枝，枝端有吸盘，攀爬附着能力强。多为单叶，叶宽卵形。聚伞花序通常生于短枝顶端的两叶之间，花小，黄绿色。浆果球形，蓝黑色，被白粉。花期5～8月，果期9～10月。本种从东北的吉林至广东都有分布，生于海拔250～1600m山地灌丛或疏林、石缝中。本种是该属植物中攀附能力最强，最适宜墙壁等垂直建筑物立面的绿化材料。

花叶地锦（川鄂爬山虎）*Parthenocissus henryana*，小枝四棱形，无毛；掌状复叶，小叶5片，嫩叶绿或绿褐色，上面沿脉色浅或有花斑，背面常紫色。聚伞花序生于顶端或与叶对生，花小，常带紫色，果球形，紫黑色；花期6～7月；果期9～10月。产于甘肃东南部、山西南部、四川、贵州、河南、湖北及广西东北部，生于海拔约160～1500m的河谷岩石上或山坡林中。本种在北京已有少量栽培利用，叶片观赏效果好，喜在林缘或半阴的环境下生长，值得大量推广应用。

三叉虎（异叶爬山虎）*Parthenocissus heterophylla*，藤茎长达15m。卷须短而分枝，顶端有吸盘；叶异形，营养枝上的叶为单叶，心形，小；花枝的叶为三出复叶。聚伞花序生于短枝顶端叶腋，多分枝，浆果球形，成熟时紫黑色。分布于长江流域以南各地，自然生长于海拔350～1400m林缘、林内或溪旁石缝中。本种在长江流域有一定数量的栽培应用。南方多有栽培。

香 荚 兰

Vanilla planifolia

兰科香荚兰属

形态特征 多年生常绿攀缘藤本，藤茎长达2m，每节生1叶片及1条气生根，依靠气生根附着他物生长。叶肉质，椭圆形至卵状披针形，顶端渐尖，基部收窄成极短的叶柄。总状花序，腋生，有花多达20朵，花大，黄绿色，花瓣与萼片相似，芳香。蒴果长圆柱形。花期6～8月。

产地习性 产美洲热带地区。性喜高温、高湿环境，喜半阴，不耐低温。我国云南、海南、福建等地栽培。本种为著名的香料经济植物，世界各地广泛引种栽培。

繁殖栽培 扦插繁殖在夏季进行。植株栽培基质要求疏松、富含有机质的微酸性土壤；空气相对湿度要求在75%以上；营养生长期遮阴度为60%～70%，开花结果期遮阴度为50%。种植后长出的藤蔓应及时牵引和绑扎，成苗的修剪一般在结果头一年的11月下旬进行全面打尖，控制植株营养生长诱导开花。

园林应用 用于热带地区的林下柱面、岩石和林中的景观配置，也可林下成规模栽培，生产香料。

同属植物 常见引种栽培的还有：南方香荚兰 *Vanilla annamica*，多年生攀缘藤本，茎长可达6m以上，节膨大。叶片椭圆形。花序长10～20cm；苞片椭圆形；花黄色，带绿色。蒴果长圆柱形，长2～4cm。花期4～5月，果期10～12月。产福建、贵州、香港、云南。泰国和越南也有分布。生石山林中，海拔1200～1300m。

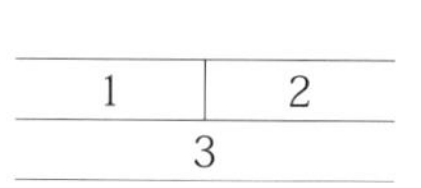

1. 香荚兰藤蔓
2. 南方香荚兰花序
3. 南方香荚兰生境

硬骨凌霄

Tecoma capensis

紫葳科硬骨凌霄属

形态特征 常绿藤状蔓性灌木，茎多分枝，枝条纤细，直立或以枝条上的气生根吸附他物上升，茎长达2m以上。羽状复叶具5～9小叶，宽卵形至卵形，叶缘具锯齿。总状花序生于小枝顶端，花冠漏斗状，橘黄色至红色。蒴果长条形。几乎全年开花，以夏季为盛。常见栽培品种有：'杏黄'硬骨凌霄'Apricot'植株紧凑，花杏黄色；'黄花'硬骨凌霄'Aurea'花黄色，花期夏季。

产地习性 原产南非。喜光，要求日照充足，喜湿润、肥沃且排水良好的土壤。全球热带、亚热带地区广泛栽培，我国南方各地广泛栽培。要求冬季越冬温度在5℃以上。

繁殖栽培 播种或扦插繁殖。春季播种，种子适宜发芽温度为18～21℃。扦插繁殖多在夏季进行，剪取半木质化成熟枝条，修剪成具有2～3节，扦插在具有底温加热的插床上。整形修剪在早春进行，以疏剪过密和病残枝条及短截正常枝条为主，促使植株萌发新枝夏季开花。

园林应用 生长茂盛，覆盖遮阴效果好、花期长，适宜热带、亚热带地区花架、墙垣及山石的绿化美化，也可修剪成绿篱栽培或作为盆栽植物观赏。

1	
2	3
4	

1. 硬骨凌霄
2. 硬骨凌霄花序
3. 硬骨凌霄蒴果
4. '黄花'硬骨凌霄

洋常春藤

Hedera helix

五加科常春藤属

形态特征 多年生常绿藤本，藤茎长达10m，多分枝，茎上有气生根，依靠气生根吸附于他物上攀爬。嫩枝具褐色星毛，叶互生，革质，油绿光滑，叶有两型：营养枝之叶呈三角形、卵形或戟形，常三浅裂或全缘，长5～8cm、宽2～3cm；花果枝之叶菱形至卵状菱形，全缘，叶柄细长。花为伞形花序，再聚成圆锥花序。

产地习性 产欧洲。喜凉爽、湿润及半阴条件，忌干燥环境，要求肥沃、湿润而又排水良好的壤土，但不耐冬季的干燥与寒冷，长江流域最适其生长栽培利用。我国引种多年，各地多有栽培。

繁殖栽培 扦插繁殖为主，一年四季，除了冬季严寒与夏季酷暑外，只要温度适宜随时可以扦插。插条多选用1～2年生健壮的半木质化枝条，插条长度为10cm，并保留有3节以上，上端稍带叶片。扦插基质以珍珠岩：泥炭：蛭石为2：1：1的构成为好，扦插深度一般为1.5～2cm。插条在温度15～25℃时，约15天即可生根。

长江流域以北的地区作为露地栽培时，应种植在建筑物的背风面或具备局部小环境处，选择疏松、肥沃的中性土壤，尽量选用耐寒品种，冬季最好有树叶覆盖保护越冬。作为室内栽培需注意以下几点：夏季要注意通风降温，冬季室温最好能保持在10℃以上，最低不低于5℃；防止夏季强光直射引起日灼病；浇水要适度，生长季节保持见干见湿，冬季室温低，适度控水；花叶栽培品种切忌偏施氮肥，否则花叶品种叶面上的花纹、斑块等就会褪为绿色。

园林应用 常春藤叶色浓绿、叶型多样且花叶品种有许多不同的斑纹或斑块，色彩鲜艳清晰，茎上有许多气生根，容易吸附在岩石、墙壁和树干上生长，可作攀附或悬挂栽培，也可做坡地地被植物栽培。耐修剪、易整形，也是室内盆栽装饰美化的理想材料；作为室内喜阴观叶植物盆栽，可长期在明亮的房间内栽培。

1	4	
2	4	6
3	5	6

1. 洋常春藤藤蔓与叶片
2. ‘彩叶’洋常春藤叶片
3. ‘彩叶’洋常春藤藤蔓与叶片
4. ‘三色’洋常春藤园林应用
5. ‘金边’洋常春藤
6. ‘金心’洋常春藤

常见园艺品种 ‘金边’洋常春藤‘Aureovariegata’，叶缘黄色；‘彩叶’洋常春藤‘Discolor’，叶小，具乳白色并带红晕；‘金心’洋常春藤‘Gold heart’，叶3裂，中心黄色；‘银边’洋常春藤‘Silver Queen’，叶灰绿色，具乳白色边，入冬白边变粉红色；‘三色’洋常春藤‘Tricolor’，叶色灰绿，边缘白色，秋后变深玫瑰红色，春暖又恢复原色，生长较慢；‘紫叶’洋常春藤‘Atropurpurea’ 叶片5裂，深绿色，在低温环境下变紫色；‘星叶’洋常春藤 ‘Star’叶片5裂，星形，裂片狭长。

同属植物 约15种，常见栽培的还有：

加那利常春藤 *Hedera canariensis*，植株健壮，叶密，3～7裂，冬季变为铜绿色。果实红色。不耐寒，多盆栽观赏，产大西洋东部加那利群岛。园艺品种有‘乔木状杂色’加那利常春藤‘Variegata Arborescens’，小乔木状，叶绿色有乳白色斑纹块。国内多作室内观叶植物栽培。

常春藤 *Hedera nepalensis* var. *sinensis*，嫩枝具鳞片状糠秕物。核果黄色或红色。喜阴湿环境。产我国秦岭以南各地。我国南方多见于林下，做地被或护坡植物栽培应用。

1	2	4	
3		5	6
			7

1.‘星叶’洋常春藤
2.‘银边’洋常春藤
3. 三色’洋常春藤园林应用
4. 加那利常春藤地被景观
5. 常春藤攀附树干
6. 常春藤花序
7. 常春藤果序

钻地风

Schizophragma integrifolium

绣球花科钻地风属

形态特征 落叶木质藤本，藤茎长达12m。茎蔓常具气生根附着他物上，用气生根攀缘生长，小枝无毛。叶纸质，椭圆形或宽卵形，长8～20cm，先端渐尖或骤尖，基部宽楔形、圆形，全缘或上部疏生硬尖小齿。伞房状聚伞花序密被紧贴柔毛。不育花萼片单生或2～3片，卵状披针形或广椭圆形，长3～7cm，黄白色；孕性花萼筒陀螺状，长1.5～2mm；花瓣长卵形，不显著，花期6～7月。蒴果陀螺状，果期9～10月，种子褐色。

产地习性 分布于我国中部和西南部，生长在海拔200～2000m山谷、山坡林中，常攀缘乔木或岩石上。喜荫蔽、湿润、凉爽的环境，半耐寒，忌高温和干燥。

繁殖栽培 由于藤茎枝条上易形成气生根，因此用扦插繁殖极易成活。嫩枝扦插在初夏进行，半木质化硬枝扦插在夏末进行。栽培地点应注意选择在树林下或半阴环境，栽培土壤为中性至微酸性。在黄河流域以北地区露地栽植，越冬困难，需要小环境或盆栽冷室越冬。

园林应用 本种生长茂盛，在欧、美等国被广泛应用于庭院的垂直绿化。本种是黄河流域以南地区城市立体绿化的极好材料，可用于山石、墙垣和棚架等处绿化覆盖。

同属植物 约10种，还可引种的野生资源有：

柔毛钻地风 *Schizophragma molle*，本种与钻地风形态相似，不同在于本种叶片下面密被淡褐色柔毛，伞房状聚伞花序顶生，密被锈色柔毛。产长江流域以南各地。

圆叶钻地风 *Schizophragma fauriei*，木质藤本，小枝条密被褐色柔毛。叶纸质，宽卵形，长6～11cm。伞房状聚伞花序顶生，密被褐色柔毛。花期6月，果期9～10月。

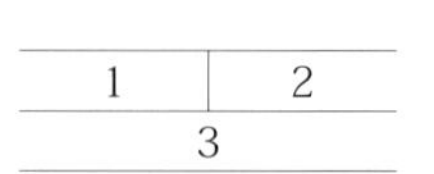

1. 钻地风果序
2. 钻地风花序
3. 钻地风景观

7 第七章 蔓生类植物

大苞垂枝茜

Pouchetia baumanniana

茜草科垂枝茜属

形态特征　常绿蔓生藤本，无毛，长达3～4m。叶对生，具短柄，薄革质，长圆形，基部狭楔形，先端渐尖，两面无毛，侧脉纤细，边缘全缘；托叶小，钻形。花序顶生，下垂，长达40～60cm；苞片大，叶状，卵圆形，黄绿色；小聚伞花序具花1朵，萼5裂，黄绿色，花冠白色。浆果状核果卵圆形，成熟时红色。花果期几乎全年。

产地习性　原产非洲中部。生于热带丛林中。喜温暖、湿润气候，耐半阴环境。云南西双版纳植物园有引种栽培。

繁殖栽培　播种或扦插繁殖。种子成熟后即播，扦插繁殖在夏季进行。

园林应用　该种花序奇特，观赏期长，适宜热带地区露地引种栽培，攀附在大树周围或山石旁。其他地区作温室盆栽植物栽培观赏。

1. 大苞垂枝茜
2. 大苞垂枝茜花序
3. 大苞垂枝茜成熟核果

多花素馨

Jasminum polyanthum

木犀科茉莉花属

形态特征 木质藤本，藤茎达10m。羽状复叶，对生，叶轴腹凹背凸，腹面被短柔毛，小叶通常5～7，坚纸质，卵状披针形。聚伞圆锥花序顶生或腋生，花极香，花冠白色或粉红色。浆果，球形，黑色。花期3～8月，果期9～11月。

产地习性 产云南、贵州、四川等地，多生长在海拔1000～2800m的山谷、溪旁及灌丛中。喜光亦耐半阴，喜温暖湿润，忌炎热，不耐寒、不耐旱、不耐瘠薄。本种在我国亚热带地区广泛栽培应用。

繁殖栽培 播种和扦插繁殖。种子成熟后，将种子外部的果皮清洗干净，直接将种子撒播在苗床上。扦插繁殖在夏季至初秋时进行，选取1年生健壮枝条截成2芽或单芽插穗（约10cm长），插于沙土或蛭石的插床内。插后注意喷水和遮阴，使苗床保持湿润，大约3～4周后即可生根。花期过后，结合嫩枝扦插繁殖对植株进行适当修剪，既可使植株保持优美的株型，又不影响下一年度的正常生长开花。

园林应用 株型潇洒多姿，花朵清香宜人，适宜园林中花架、篱笆等攀缘绿化，也可与园林中的山石、墙垣配植应用。

同属植物 约200多种，包括灌木和攀缘藤本，常见栽培的藤蔓植物有：

野迎春（云南黄素馨）*Jasminum mesnyi*，常绿藤状灌木，小枝四方形，具浅棱。叶对生，小叶3枚，长圆状披针形，顶端1枚较大，基部渐狭成一短柄，侧生2枚小而无柄。花单生，淡黄色，芳香，花期3～4月。产云南，温带及亚热带各地栽培。

茉莉花 *Jasminum sambac*，木质藤本或蔓性灌木。单叶对生，宽卵形、椭圆形有时近倒卵形。聚伞花序，通常有3朵花，有时多花，花冠白色，芳香。花期6～10月。原产印度。我国江浙一带长期将本种的花作为熏茶香料生产，北方地区多作室内花卉栽培。

1	2
3	
4	

1. 多花素馨花序
2. 茉莉花布置路边
3. 野迎春园林应用
4. 素方花水边丛植

素方花*Jasminum officinale*，攀缘灌木。叶对生，羽状深裂或羽状复叶，小叶5～7，卵形或椭圆形。聚伞花序近伞状，花冠白色，或外面红色，内面白色，芳香。果球形，成熟时暗红色或紫色。花期5～8月，果期9月。产我国西南地区，印度也有分布。世界各地广泛栽培。

迎春花*Jasminum nudiflorum*，落叶蔓性灌木，小枝下垂，无毛。叶对生，三出复叶，小叶卵形或椭圆形。花单生于去年生小枝叶腋，花冠黄色。花期春季。产我国中部及西南部。世界各地温带地区普遍栽培。

矮探春*Jasminum humile*，灌木或小乔木，有时攀缘。叶互生，复叶，小叶3～7枚。聚伞花序顶生，有花1～10朵，芳香，花萼裂片三角形，花冠黄色，近漏斗状。果椭圆形或球形，熟时紫黑色。花期4～7月，果期6～10月。产中国西南部，植物园亦有引种栽培。

<table>
<tr><td rowspan="2">1</td><td>2</td><td rowspan="3"></td><td>6</td></tr>
<tr><td>3</td><td>7</td></tr>
<tr><td colspan="2" rowspan="2">4</td><td>8</td></tr>
<tr><td>5</td><td>9</td></tr>
</table>

1. 盆栽野迎春
2. 茉莉花枝条与花序
3. 野迎春花期
4. 茉莉花丛植路边形成花篱
5. 迎春景观
6. 素方花果序
7. 迎春花序
8. 迎春枝蔓
9. 矮探春枝条与花序

番茄

Lycopersicon esculentum

茄科番茄属

形态特征 多年生草本，株高可达4m以上，全株被黏质腺毛，有强烈气味。叶羽状复叶或羽状深裂，长10～40cm，小叶极不规则，大小不等，常5～9枚，卵形或矩圆形，边缘有不规则锯齿或裂片。总状花序腋生或侧生，花冠黄色。浆果扁球状或近球状，肉质而多汁液，橘黄色或鲜红色，光滑；种子黄色。花果期夏秋季。由于人类的长期栽培和育种，栽培品种很多，果形多样。

产地习性 原产墨西哥及南美洲。喜光，喜温暖、湿润、肥沃的土壤，不耐低温。忌高温、通风不良的生长环境。世界各地都有栽培，我国南北各地广泛栽培。

繁殖栽培 播种繁殖，播种前用清水浸泡种子1～2小时，然后捞出把种子放入55℃温水中浸泡15分钟并不断搅拌，再继续浸种3～4小时后进行催芽。通过上述处理，可有效促进种子发芽、灭菌防病，增强幼苗抗性。番茄虽为多年生植物，通常多做一二年生植物栽培。通过现代温室栽培环境条件的调控，可实现番茄的周年栽培生产和市场供应。番茄对栽培生长的环境温度最为敏感，白天适宜的温度为25～28℃，夜间16～18℃。低于15℃，番茄种子发芽、授粉受精及番茄转红受到影响：低于10℃，生长缓慢，生殖发育受到抑制，5℃时茎叶停止生长，2℃则受到冷害，0℃即被冻死；高于35℃时生殖发育受到影响，高于40℃生理紊乱而热死。

园林应用 番茄果实营养丰富，经济价值高，同时具有一定的观赏性，国内各地多在现代化温室内做树状或棚架式栽培，用于栽培模式的示范和观赏。

1	2
3	
4	

1. 番茄花序
2. 番茄果序
3、4. 番茄现代温室棚架示范栽培

风筝果

Hiptage benghalensis

金虎尾科风筝果属

形态特征 藤状灌木或藤本。叶对生，长圆形、椭圆状长圆形或卵状披针形，先端渐尖，基部宽楔形或近圆形，全缘，幼时被短柔毛。总状花序腋生或顶生，被淡黄褐色柔毛，花白色，芳香，花瓣基部具黄色斑点，或淡黄或粉红色。翅果，果有3翅，花期2～4月，果熟期4～5月。

产地习性 产福建、台湾、广东、海南、广西、贵州及云南，多生于海拔200～1900m以下的沟谷密林、疏林中或沟边路旁。喜温暖湿润气候，不耐寒，喜生于疏松肥沃、排水良好的微酸性土壤上。南方热带地区有少量栽培。

繁殖栽培 播种或扦插繁殖。秋后采收果实，选出种子，去种翅，干藏，种子贮藏时不能低于0℃，不适宜长期贮藏。采种后即可进行播种，当气温上升到20～25℃时出苗，幼苗培育过程中应及时设立支架，北方地区冬季室内栽培，保持10℃以上气温。扦插于夏季进行，保持较高温度和空气湿度。整形修剪在盛花期过后进行。

园林应用 风筝果为高大藤本，可作为热带地区的大型花架，花廊，竹篱，墙垣及假山石攀缘用材，春季观花，夏季遮阴。

1	
2	3
4	5

1. 风筝果景观
2. 风筝果花序
3. 风筝果果序
4. 风筝果翅果
5. 风筝果花

勾儿茶

Berchemia sinica

鼠李科勾儿茶属

形态特征 藤状或攀缘灌木，高达5m。叶纸质，在长枝上互生，在短枝顶端簇生，卵状椭圆形或卵状长圆形，先端钝或近于圆形，基部圆形或心形，全缘，上面绿色，下面脉腋被短柔毛，叶柄带红色。花黄色或淡绿色，单生或数朵簇生在顶端，成具短分枝的窄聚伞状圆锥花序。核果圆柱形，成熟时紫红或黑色，花期6～8月，果熟期翌年5～6月。

产地习性 原产河南、山西、陕西、甘肃、四川、湖北、贵州北部及云南东北部，多生于海拔1000～2500m的荒山坡或沟谷灌丛中。喜温暖、湿润环境，半耐寒，耐旱能力较弱，喜阳、耐半阴，对土壤要求不严，喜生于疏松、肥沃、排水良好的微酸性土壤上，黏重土生长不良，深根性，宜土层深厚之地。南方有少量引种栽培。

繁殖栽培 播种繁殖。果实采收后，将果实堆沤至果肉软化，揉搓肉质外种皮，水洗、净种、阴干。春播前2个月将种子低温沙藏处理，播后盖草，保持土壤湿润，出苗后，加强水、肥管理，并防除杂草，第二年裸根定植并重剪。成苗移栽需带土球。

园林应用 勾儿茶枝条光滑，叶色秀丽，为优良的观花观果植物，适宜长江流域以南地区栽植在竹篱、花架旁使其攀附，也可做山石、陡坡、墙垣等处的表面覆盖，北方做室内盆栽，冷室越冬。

1	3
2	4
	5

1. 勾儿茶花序与成熟果序
2. 勾儿茶景观
3. 铁包金枝条与花序
4. 铁包金
5. 多花勾儿茶成熟的核果果序

同属植物　约31种，我国有19种，6变种，多未引种栽培。可供引种栽培的还有：

光枝勾儿茶 *Berchemia polyphylla* var. *leioclada*，藤状灌木，小枝、花序轴及果柄均无毛。叶互生，近革质，卵状长圆形或椭圆形。花两性，淡绿色或白色，单生于叶腋或排成总状花序顶生。核果近圆柱形，成熟时红褐色。花期5～9月，果熟期7～11月。原产于我国华中、华西、华南及西南等地，多生于海拔2100m以下山坡、山谷灌丛或林下。

多花勾儿茶 *Berchemia floribunda*，落叶攀缘藤本或灌木，高达6m。叶纸质，互生，卵形、卵状椭圆形或卵状披针形。花常数朵簇生成顶生宽圆锥花序，花小，核果近圆柱形。熟时红色至紫红色。花期7～10月，果熟期翌年4～7月。原产于华东、中南、西南和陕西等地，多生于海拔2600m的山坡、沟谷、林缘、林下或灌丛中，或阴湿近水处。根药用，嫩叶可代茶。

铁包金 *Berchemia lineata*，藤状灌木，密被柔毛。叶互生，纸质，长圆形或椭圆形。花常数朵至10余朵密集成顶生聚伞总状花序，花白色。核果卵形，成熟后黑色或紫黑色。花期7～10月，果熟期11月。原产于我国广东、广西、福建、台湾等地，多生于低海拔山野灌丛中、路边或旷地。根、叶药用。

瓜馥木

Fissistigma oldhamii

番荔枝科瓜馥木属

形态特征 攀缘灌木，茎长约8m。小枝被黄褐色茸毛。叶革质，单叶互生，倒卵状椭圆形或长圆形，上面无毛，下面被短茸毛。花3～7朵排列成密伞花序，花瓣6，2轮，镊合状排列，黄色。果球形，种子球形。花期4～9月，果期7月至翌年2月。

产地习性 原产于我国长江以南各地，多生于海拔500～1500m的疏林沟谷或灌丛中。喜温暖湿润气候，不耐寒，耐旱性较差，耐水湿，喜生于疏松、肥沃、排水良好的酸性、微酸性土壤上。长江以南地区有栽培利用。

繁殖栽培 以播种繁殖为主，也可进行扦插。春季播种，当气温上升到10℃以上时露地直播，播后25天左右可出苗。扦插繁殖于夏秋季进行，剪取当年生半成熟枝条，3～4芽，顶部叶片剪半，下部叶片全部剪除，插于沙床中，浇透水盖膜，保持土壤及空气湿润，温度保持在24～26℃左右，4周左右可生根，翌年春移苗定植。

园林应用 瓜馥木生长迅速，花香，花期较长，叶革质不落，长江以南用于花架、花廊、篱栏、墙垣立体绿化，或风景园林植物配置。

同属植物 约75种，广布于热带非洲、大洋洲、亚洲热带及亚热带。我国有23种。被栽培利用的还有：

排骨灵（多苞瓜馥木）*Fissistigma bracteolatum*，攀缘灌木，长约10m。小枝初被褐色茸毛，具皮孔。叶革质，卵状长圆形或倒卵状长圆形。花黄色，多朵簇生成团伞花序。花期3～6月，果期8～11月。产云南，生于海拔800～1800m山地林中或山谷沟边。根药用。

黑风藤（多花瓜馥木）*Fissistigma polyanthum*，攀缘灌木，长达8m。枝条灰黑或褐色。幼枝、叶下面、叶柄、花序、萼片、花瓣及果均被茸毛，老枝无毛。叶近革质，长圆形、卵状长圆形或椭圆形。花常3～7朵组成密伞花序，花序腋生、与叶对生或腋外生。花期1～10月，果期3～12月。产西藏、云南、贵州、广西、广东及海南，生于海拔120～1200m山谷或林下。茎皮含单宁，纤维可制绳索；根及茎药用。

凹叶瓜馥木 *Fissistigma retusum*，攀缘灌木，长达数米；小枝被褐色茸毛。叶革质，广卵形至倒卵状长圆形，顶端圆形或微凹，叶面仅中脉和侧脉被短茸毛，叶背被褐色茸毛，侧脉在叶面凹陷，在叶背凸起。花多朵组成团伞花序，总花梗短；花白色。果圆球状，直径约3cm，被金黄色短茸毛。花期5～11月，果期6～12月。产西藏、贵州、云南、广西和海南。生山地密林中。

贵州瓜馥木 *Fissistigma wallichii*，攀缘灌木，长达7m。叶近革质，长圆状披针形，顶端圆形或钝形，有时短渐尖，叶背灰绿色，两面无毛，侧脉每边10～14条，上面扁平，下面凸起，网脉不明显。花绿白色，1至多朵丛生于小枝上与叶对生或互生。果近圆球状，直径约2.8cm，几无毛。花期3～11月，果期7～12月。产广西、云南和贵州。印度也有。生海拔1 000～1 600m的山地密林中或山谷疏林中。

1	2
3	4
5	6

1. 瓜馥木藤蔓与成熟果序
2. 瓜馥木花
3. 排骨灵枝条与花序
4. 凹叶瓜馥木果序
5. 凹叶瓜馥木枝蔓与花序
6. 贵州瓜馥木枝条与成熟果序

钩　藤

Uncaria rhynchophylla

茜草科钩藤属

形态特征　常绿木质大藤本，藤茎达10m以上，嫩枝较纤细，方柱形或略有4棱角，变态枝呈钩状，成对或单生于叶腋间，向下弯曲。单叶对生，叶片纸质，卵状椭圆形。球形头状花序，单生于叶腋或排成顶生总状花序，花小，黄白色，长管状漏斗形。花期5～10月。蒴果纺锤形，熟时两裂，果熟期10～11月。

产地习性　产于安徽南部、浙江、福建、江西、湖北、湖南、广东、广西、云南东南部、贵州及四川东部，生于低海拔至中海拔山谷溪边的疏林或灌丛中。喜温暖湿润气候，喜阳亦耐半阴，长江流域以南地区有栽培。

繁殖栽培　播种、扦插繁殖。播种繁殖宜在春季进行，需要注意的是钩藤果实成熟后会自动开裂，种子自动飞散，故果熟时需及时采集。春播的种子需沙藏处理2～3个月，播种后覆土厚度不超过2cm。扦插繁殖可于春、夏、秋三季进行。春季用1年生硬枝作插条，夏、秋季则用当年生半木质化枝作插条。为促进生根，可用吲哚乙酸对插条进行处理。钩藤适应性强，对土壤要求不严，管理较粗放，苗木定植时要预先搭设攀缘支架，栽培初期要勤施肥水。

园林应用　钩藤四季常青，适宜长江流域以南各地作绿篱、墙垣、棚架、花架植物，也可作自然灌丛状配置于路旁、沟边、疏林中。钩刺、茎和根可药用，也是药用植物园必备的藤本植物。

同属植物　约34种。常见引种栽培的还有：

大叶钩藤 *Uncaria macrophylla*，常绿木质大藤本。单叶对生，近革质，卵形或宽卵形，上面脉有黄褐色毛，下面有黄褐色硬毛，侧脉6～9对，头状花序单生叶腋，成聚伞状排列，花期夏季。产广东、海南、广西、云南东南部及南部，生于低海拔至中海拔山地。

华钩藤 *Uncaria sinensis*，藤本，幼枝无毛。叶薄纸质，椭圆形，头状花序单生叶腋，花序梗长3～6cm，花序径1～1.5cm。产江西西北部、湖北、湖南、广西、贵州东部、云南西北部、四川、甘肃南部及陕西南部，生于中海拔山地林中。

1. 大叶钩藤枝蔓与花序
2. 钩藤景观
3. 华钩藤叶片与变态钩状枝条

红花青藤

Illigera rhodantha

莲叶桐科青藤属

形态特征 藤本，长2～3m。指状复叶互生，小叶3枚，纸质，被毛，卵形至卵状椭圆形，全缘，侧脉约4对。聚伞花序组成的圆锥花序腋生，狭长，萼片紫红色，长圆形，花瓣与萼片同形，稍短，玫瑰红色。果具4翅，2大2小。花期（6）9～11月，果期12月至次年4～5月。

产地习性 分布于广东、广西、云南东南部，自然生长在海拔1100～1300m的山谷密林、疏林灌丛中、溪边杂木林中。缅甸、印度、泰国、越南及印度尼西亚等地也有分布。喜疏林或半阴环境，喜温暖湿润气候，不耐寒。南方一些植物园有少量引种栽培。

繁殖栽培 播种或扦插繁殖。播种繁殖在春季采种后，随采随播，新鲜种子播后2周出苗。扦插繁殖在夏季进行，剪取半木质化枝条，剪成3～4节为一段，插入苗床育苗，生根长叶后，按行株距60cm×60cm定植。栽培地宜选择土层深厚、肥沃的沙壤土种植。整形修剪应在春季进行。

园林应用 红花青藤花期长、花色鲜艳，适宜南方温暖地区篱墙、栅栏及小型棚架栽培观赏。根及藤茎也是中药材，具有祛风散瘀、消肿止痛功效。

同属植物 约30种。可引种栽培的藤蔓植物还有：

多毛青藤 *Illigera cordata*，藤本，长2～3m。指状复叶互生，小叶3枚，卵形至椭圆形，全缘，基部心形，密被柔毛。聚伞花序腋生，花黄色。果具4翅，径3～4.5cm，2大2小，具条纹。花期4～10月，果期6～11月。产云南北部。生海拔1100m的山谷密林或灌丛中。

宽药青藤 *Illigera celebica*，藤本，长数米，无毛。指状复叶互生，小叶3枚，卵形至卵状椭圆形，纸质至近革质，两面光滑无毛，网脉两面显著。聚伞花序组成的圆锥花序腋生，花绿白色。果具4翅，直径3～4.5cm。花期4～10月，果期6～11月。

1	
2	3
4	
5	

1. 多毛青藤地被应用
2. 多毛青藤花序
3. 多毛青藤果序
4. 红花青藤枝蔓与花序
5. 宽药青藤花序

红纸扇

Mussaenda erythrophylla

茜草科玉叶金花属

形态特征　常绿木质藤本或直立灌木。叶对生，卵形或宽椭圆形至宽卵形，长10～18cm，下面被疏毛。多歧聚伞花序顶生，小花密集，花瓣乳白色，花冠筒红色，萼片卵形，红色，其中1枚萼片发育成叶状，红色，卵圆形，长达10cm。花期夏季，果期秋季。

产地习性　产非洲热带林地中。喜光，稍耐半阴，喜温暖、湿润环境，不耐低温。适宜生长温度为20～30℃，冬季气温低至10℃时即落叶休眠，低于7℃时则极易死亡。本种被世界各地广泛引种栽培。

繁殖栽培　播种或扦插繁殖。播种繁殖宜在春季19～24℃的气温条件下进行，播后2～4周种子萌发。扦插繁殖应在夏季进行，选取健壮而充实的半木质化枝条，扦插在有地温加热的插床上，插床地温控制在24～26℃，插条生根迅速。生根后的插条及时移植到半阴的环境下养护过渡1～2周，然后再转移到全光照下栽培养护，次年即可定植。成年大苗花后需修剪，以控制枝条蔓生，避免杂乱无章。

园林应用　红纸扇花期长，开花时红火、喜庆，适宜热带地区大量栽培布置应用，可成丛或成片配植于疏林边、点缀于山石旁或空旷草地上，也可作为大型藤架植物栽培应用。

同属植物　约120种，分布于亚洲热带和亚热带地区，非洲和太平洋诸岛。观赏价值较高并可引种栽培的有：

䄂花（大叶白纸扇）*M. esquirolii*，直立或攀缘灌木，幼枝密被柔毛。叶对生，宽卵形或宽椭圆形。聚伞花序顶生，花萼近叶状，卵形至披针形，白色，花冠黄色。花期5～7月，果期7～10月。产安徽南部、浙江、福建、江西、湖北、湖南、广东、广西、云南、贵州及四川，生于海拔400～1000m山地林中。

玉叶金花 *Mussaenda pubescens*，常绿蔓性攀缘灌木，小枝被柔毛。叶对生或轮生，卵状长圆形或卵状披针形，叶背密被柔毛。聚伞花序顶生，密花；花萼叶状，白色，5枚，仅1枚发育，宽椭圆形；花冠黄色。浆果近球形，干时黑色。花期6～7月，果期10月以后。产长江以南热带、亚热带部分地区，多生长于低海拔山区。近年被南方园林部门引种栽培。

<table>
<tr><td>1</td><td>3</td><td rowspan="2">6</td></tr>
<tr><td rowspan="2">2</td><td>4</td></tr>
<tr><td>5</td><td>7</td></tr>
</table>

1. 红纸扇景观
2. 红纸扇萼片与花冠
3. 䄂花自然生长
4. 䄂花萼片与花冠
5. 䄂花果序
6. 玉叶金花装饰岩石
7. 玉叶金花萼片与花冠

鸡爪茶

Rubus henryi

蔷薇科悬钩子属

形态特征 常绿攀缘灌木，长达6m，枝褐色，疏生钩状皮刺，小枝幼时密生卷茸毛。单叶，3(5)深裂，先端长渐尖，边缘具疏锯齿。花常9～20朵组成总状花序，顶生或腋生，花粉红色，直径约2cm，花期5～6月。聚合果近球形，熟时黑色，果熟期7～8月。

产地习性 产湖北、四川、云南、贵州、湖南等地，多生于海拔2000m以下的坡地或林中。喜温暖湿润气候，喜光，亦耐半阴，喜疏松湿润、富含腐殖质的肥沃土壤，枝条生长旺盛，根芽萌生力强。国外多栽培利用。嫩叶可代茶，浆果可鲜食或加工成果酱。

繁殖栽培 播种或分蘖繁殖。种子均有休眠现象，播种前需低温沙藏3～4个月，早春播种，分蘖繁殖应在春季萌芽前进行，将母株基部生长的萌蘖，带根掘起，短截后栽植。早春萌芽前，进行春剪，首先剪除枯萎枝条、老弱病枝，然后剪除过密枝条，并进行整形，使枝条分布均匀。

园林应用 鸡爪茶花朵繁茂、花色鲜艳，花后果实累累，适宜自然式种植或点缀在林缘、溪边，或草坪边缘，创造山林野趣的景观，也可用于篱墙、栏杆、山石等攀缘绿化。

同属植物 约250种，有很多种是重要的小浆果资源。可引种栽培利用的重要资源有：

锈毛莓 *Rubus reflexus*，攀缘灌木，高达2m，全株密生锈色茸毛，疏生小皮刺。单叶互生，心状长卵形。总状花序腋生，花白色。聚合果球形，熟时紫红色或黑色。花期6～7月，果熟期8～9月。原产于我国长江以南各地，多生于海拔300～1000m的山坡、山谷灌丛或疏林湿润处。果可食用。根药用。

湖南悬钩子 *Rubus hunanensis*，攀缘灌木，全株密被柔毛。单叶互生，近圆形或宽卵形。总状花序顶生或腋生，花瓣倒卵形，白色；浆果半球形，成熟时黄红色，花期7～8月，果熟期9～10月。原产于我国华南及西南的部分地区，多生于海拔500～2500m的山谷、山沟、密林或草丛中。

白花悬钩子 *Rubus leucanthus*，攀缘灌木。羽状复叶，小叶卵形或椭圆形。伞房花序有花3～8朵，花白色。聚合果近球形，熟时红色；花期4～5月，果熟期6～7月。原产于华南、西南等地区，多生于低海拔至中海拔

疏林中或旷野。果可食用。根治腹泻、赤痢。

宜昌悬钩子 *Rubus ichangensis*，落叶或半常绿攀缘灌木。单叶，互生，卵状披针形。顶生圆锥花序窄，花白色。果近球形，成熟时红色。花期7～8月，果熟期10月。产华南、华中、西南等地区，多生于海拔2500m以下的山坡、山谷林内或灌丛中。果可食用或酿酒。

竹叶鸡爪茶 *Rubus bambusarum*，常绿攀缘灌木。掌状复叶，具3或5小叶，小叶窄披针形或窄椭圆形。总状花序具灰白或黄灰色长柔毛，花紫红色或粉红色；果近球形，红色或红黑色，花期5～6月，果熟期7～8月。原产于陕西南部、湖北、四川、贵州等地，多生于海拔1000～3000m山地空旷地或林中。嫩叶可代茶。

高粱泡 *Rubus lambertianus*，落叶藤状灌木，长达3m。单叶，卵形或矩圆状卵形。圆锥花序顶生，花白色，聚合果卵状球形，熟时红色，花期7～8月，果熟期9～11月。产华中、华南、西南各地，多生于低海拔山坡、山谷、灌丛或林缘。果食用及酿酒。根、叶供药用，有清热散瘀、止血之效。

掌叶覆盆子 *Rubus chingii*，藤状灌木。单叶，近圆形，基部心形，掌状5裂，稀3或7裂，裂片椭圆形或菱状卵形。单花，腋生，径2.5～4cm，白色。果近球形，成熟时红色。花期3～4月，果期5～6月。产江苏、安徽、浙江、福建、江西、湖南、广东、广西等地，生于低海拔至中海拔山坡、路边阳处或灌丛中。果可食、制糖及酿酒，又可入药，为强壮剂；根能止咳，活血、消肿。

<table>
<tr><td rowspan="2">1</td><td>3</td><td>4</td><td rowspan="2" colspan="2"></td></tr>
<tr><td colspan="2">5</td></tr>
<tr><td>2</td><td colspan="2">6</td><td>7</td><td>8</td></tr>
</table>

1. 宜昌悬钩子果序
2. 湖南悬钩子枝蔓
3. 高粱泡景观
4. 高粱泡花序
5. 掌叶覆盆子枝蔓与叶片
6. 竹叶鸡爪茶
7. 高粱泡成熟果序
8. 掌叶覆盆子花

假鹰爪

Desmos chinensis

番荔枝科假鹰爪属

形态特征 又称酒饼藤。直立或攀缘灌木，枝条具纵纹及灰白色皮孔。单叶互生，薄纸质，长圆形或椭圆形，稀宽卵形，先端钝尖或短尾尖，基部圆或稍偏斜，下面粉绿色。花黄白色，下垂，直径3～6cm，单朵与叶对生或互生。心皮多数。果念珠状。花期4～10月，果熟期6～12月。

产地习性 原产于我国南部热带地区，生于海拔150～1500m山地、山谷林缘灌丛中或空旷地。喜温暖湿润气候，较耐阴，不耐寒，怕干旱，林间空地及空旷地生长良好，喜生于疏松肥沃、排水良好的酸性、微酸性土壤上。南方热带地区有栽培。

繁殖栽培 播种繁殖。种子不耐储藏，忌失水过多，含水量应保持在30%以上。储藏时需混入湿沙，保存在4℃左右的低温中，储藏期一般为6个月左右。种子无明显休眠现象，可随采随播。新鲜种子在室外29～35℃的条件下苗床播种，播后30天发芽率可达83%以上。播种苗需培育4～6年后开始进入花果期。

园林应用 假鹰爪叶深绿，花期长，花香果红，适用于花篱、墙垣、山石边，也可用于空旷绿地点缀园林，将其修剪成型。北方需盆栽温室越冬。

1
2
3

1. 假鹰爪念珠状果序
2. 假鹰爪花
3. 假鹰爪自然生长

金杯藤

Solandra maxima

茄科杯花藤属

形态特征　常绿大型木质匍匐藤本，藤蔓达15m以上，多分枝。叶互生，长椭圆形，先端突尖。花大，单朵生于小枝顶端，长达20cm，花冠筒喇叭状，顶端具5枚反卷的裂片，金黄色，每枚花被片脊背和脉纹紫色，夜间散发出甜美的芳香气味。花期夏季。

产地习性　产墨西哥、哥伦比亚、委内瑞拉，自然生长于热带雨林中。性喜温暖湿润的气候，喜光照充足，耐海风侵蚀。对土壤要求不严，以疏松、肥沃、排水良好的沙质土壤为佳。国外栽培较多，我国南方热带地区有少量引种栽培。

繁殖栽培　播种或扦插繁殖。播种在春季进行，种子适宜发芽温度16～18℃。扦插繁殖在夏季进行，剪取半木质化枝条，扦插在有底温加热的插床上。露地栽培地点应选在阳光充足之地，过阴开花减少。生长期应保持土壤湿润，忌过于干燥。因其年生长量大，生长季节需合理追施肥料来满足其生长需要。整形修剪在花后进行，根据造型和管理的需要可适当进行强剪。越冬的最低气温要求在7℃以上。

园林应用　金杯藤生长茂盛，耐修剪，覆盖和蔽阴效果好，花色金黄，观赏性极佳，适合热带地区公园、公共绿地的大型亭廊、棚架绿化，也可用于大型山石的覆盖。其他地区只能室内栽培。

1. 金杯藤花
2. 金杯藤花蕾
3. 金杯藤枝条与叶片

咀 签
Gouania leptostachya
鼠李科咀签属

形态特征 攀缘灌木。叶互生，卵形或卵状长圆形，顶端渐尖或短渐尖，基部心形，边缘具圆齿状锯齿，上面深绿色，下面浅绿。花杂性同株，数个簇生和具短总花梗的聚伞花序排成腋生的聚伞总状和顶生的聚伞圆锥花序，长可达30cm，花小，花瓣白色。蒴果，成熟时开裂成3个具近圆形翅的分核。花期8～9月，果期10～12月。

产地习性 产广西西南部、云南西南部和南部。生于中海拔疏林中，常攀缘于树上。印度、越南、老挝、缅甸、马来西亚、印度尼西亚、菲律宾和新加坡也有分布。喜温暖、湿润的半阴环境，不耐低温。我国热带地区偶有引种栽培。整形修剪在春季进行。

繁殖栽培 播种繁殖，秋季种子采收后即播种。

园林应用 适宜在热带地区的围栏、山石、坡地等处的立体绿化种植。

同属植物 约40种，主产热带美洲，我国有2种。可引种栽培的还有：

毛咀签 *Gouania javanica*，形态特征与咀签相似。区别在于：小枝、叶柄、花序轴、花梗密被棕色短柔毛。产福建、海南、广东、广西、贵州等地。

1
2
3

1. 咀签园林应用
2. 咀签蒴果果序
3. 毛咀签枝蔓与蒴果果序

龙吐珠

Clerodendrum thomsoniae

马鞭草科大青属

形态特征 柔弱的蔓生木质藤本，藤茎达4m。叶对生，卵形，先端渐尖，基部浑圆，具短柄，全缘。聚伞花序生于枝顶，或上部叶腋内，长8～12cm。小花钟形，花萼白色，花瓣深红色，花期夏季。果肉质，种子较大，黑色。

产地习性 原产非洲西部的热带地区。喜光，喜温暖，喜肥沃、排水良好的微酸性土壤，不耐寒，越冬温度要求在10℃以上。现世界各地广为栽培。

繁殖栽培 播种或扦插。播种在春季进行，在15～24℃条件下，约10天可发芽，播种苗可于第二年开花。扦插繁殖在夏季进行，剪取成熟半木质化枝条，扦插在20～24℃条件下，插条约3周生根。生长最适宜的环境条件为温度21℃及高光强和长日照。整形修剪在盛花期过后进行。

园林应用 龙吐珠开花繁茂，萼片白色，花冠鲜红色，红白相映，甚为美丽动人，是北方地区温室盆栽观赏植物中的上品，也可作为垂吊盆花布置花架等处。热带地区多做攀缘植物露地栽培。

同属植物 约400种。常见栽培的藤本还有：

红花龙吐珠 *Clerodendrum splengdens*，常绿蔓生木质藤本，藤茎达3m。叶对生，卵形至长圆形，先端锐尖或突尖，基部楔形，全缘。顶生圆锥花序，小花密集，花萼紫红色，花冠红色，花期夏季。产非洲西部热带地区。我国南方有引种栽培。

杂种龙吐珠 *Clerodendrum×speciosum*，是龙吐珠与红花龙吐珠的杂交种。常绿木质藤本。花萼紫红色，花冠红色。

<table>
<tr><td colspan="2">1</td></tr>
<tr><td>2</td><td>3</td></tr>
<tr><td rowspan="2">4</td><td>5</td></tr>
<tr><td>6</td></tr>
</table>

1. 龙吐珠园林应用
2. 龙吐珠花序
3. 红花龙吐珠花序
4. 红花龙吐珠攀缘柱架
5. 红花龙吐珠装饰墙脚
6. 杂种龙吐珠花序

马缨丹

Lantana camara

马鞭草科马缨丹属

形态特征 又称五色梅。直立或半藤本状常绿灌木，茎、枝呈四方形，野生种通常具向下弯的皮刺，栽培种常无刺，全株被短毛，有一种强烈气味。叶对生，卵圆形或短卵圆形，先端渐尖，边缘有锯齿，上面粗糙，两面有硬毛。伞型花序以20多朵小花组成，总花梗粗壮，苞片披针形。盛花期贯穿于春末至秋末。有红、黄、白等色。果实集成球状，成熟时紫黑色。

产地习性 原产美洲热带，现广布于热带和亚热带地区栽培，南方部分热带地区可逸为野生。喜光，喜温暖湿润气候，适应性强，耐干旱瘠薄，不耐寒，在疏松肥沃、排水良好的沙壤土上生长较好。越冬温度要求在10℃以上。

繁殖栽培 播种或扦插繁殖。春季播种，播后发芽阶段气温应保持在18℃以上，播种苗当年秋季可开花。扦插可在春季结合修剪进行。五色梅生长较快，花芽在当年生枝条上形成并开花，应以早春修剪为主，栽培中应及时剪除影响造型的枝条，以保持树形的美观，北方地区可盆栽或做一年生地被应用。

园林应用 马缨丹花期长，耐修剪，可用于篱墙、山石、坡地的覆盖，也用于盆栽或庭院栽培观赏。

同属植物 约150种。常见栽培的还有：

蔓马缨丹 *Lantana montevidensis*，无刺灌木，枝披散或蔓状卧地，被毛，长达90cm。花粉紫色至紫色，花期夏季。产南美热带地区。该种容易造成入侵，栽培时应加以考虑。

1	2
3	4
5	
6	

1. 马缨丹红色伞形花序
2. 马缨丹粉色伞形花序
3. 马缨丹黄色伞形花序
4. 马缨丹球状果序
5. 蔓马缨丹枝条与粉色花序
6. 马缨丹地被应用

蔓长春花

Vinca major

夹竹桃科蔓长春花属

形态特征 常绿蔓性半灌木，茎偃卧，花茎直立。叶对生，椭圆形，浓绿而有光泽。花单朵腋生，花冠蓝色，花冠筒漏斗状，花冠裂片5，倒卵形。花期3～5月。其栽培品种有：‘花叶’长春蔓‘Variegata’，叶的边缘白色，有黄白色斑点。

产地习性 原产欧洲地中海地区，长江以南地区可露地栽培，北方多盆栽。适应性强，生长迅速，喜温暖湿润的环境，对光照要求不严，尤以半阴环境生长最佳。喜水湿。全国各地栽培较为普遍。

繁殖栽培 以扦插繁殖为主，适宜扦插繁殖的时间为4月上旬至9月上旬。长江以南地区可露地栽植，北方地区冬季室内越冬，室温保持不低于5℃，并保持阳光充足。

园林应用 蔓长春花是极好的地被植物材料，适宜种植坡地、山石覆盖及垂吊种植装饰。也可盆栽观赏。

1
2
3

1. 蔓长春花枝条与花冠
2. ‘花叶’长春蔓
3. 蔓长春花地被景观

木麒麟

Pereskia aculeate

仙人掌科木麒麟属

形态特征 攀缘灌木，藤茎长达10m，茎多分枝，有1～6（～25）刺，刺针状或钻形，在攀缘枝上常成对着生，并下弯成钩状。叶互生，卵形至椭圆状披针形，通常黄绿色中泛红晕，背面呈紫红绿色。花于分枝上部组成总状或圆锥状花序，白色、稍带黄或粉红色。浆果倒卵球形或球形，成熟时黄色，具刺。花期9～10月，果熟期翌年3～4月。

产地习性 原产中美洲、南美洲北部及东部、西印度群岛。喜温暖、湿润的气候，喜阳光充足，喜肥沃、疏松土壤，忌湿涝，不耐寒，冬季室温应保持在10℃以上。热带地区常见栽培，寒冷地区多做室内栽培，在我国福建南部呈半野生状态。

繁殖栽培 播种或扦插繁殖。春季播种，种子适宜发芽温度19～24℃。扦插繁殖在春季或初夏进行。植株生长茂盛，栽培中应施用低氮的肥料，及时设立固定支架，为藤茎提供攀缘支撑。花后修剪，控制植株蔓延、扩张。

园林应用 攀爬能力强，生长旺盛，可用于热带地区花架、篱墙、山石或坡地等处立体绿化。其他地区只能温室栽培观赏。

同属植物 约16种。常见栽培的还有：

大花麒麟 *Pereskia grandifolia*，常绿藤状灌木，茎具刺。叶窄椭圆形至卵状披针形。伞房花序，花亮粉色至粉紫色。花期从春季至秋季。原产巴西。

1	2
	3
4	
5	

1. 木麒麟温室栽培应用
2. 木麒麟枝蔓与叶片
3. 大花麒麟枝条与叶片
4. 木麒麟花序
5. 大花麒麟花序

南青杞

Solanum seaforthianum

茄科茄属

形态特征 又称藤茄。多年生常绿蔓性藤本，藤茎纤细，光滑无毛，藤茎达6m。单叶互生，不整齐羽状深裂，裂片卵形、长椭圆形或披针形。圆锥花序顶生或与叶对生，小花蓝色、紫色、粉红色或白色，花药黄色。浆果球形，熟时红色。花期4～8月，果期6～9月。

产地习性 产南美洲热带地区。喜温暖、湿润、肥沃、疏松的沙壤土上生长。越冬最低温度要求在7℃以上。世界各地广为栽培，北方多作室内栽培植物。

繁殖栽培 播种、扦插繁殖。播种在春季进行，种子适宜发芽温度18～20℃。扦插繁殖在夏末至早秋进行，剪取半木质化枝条，扦插在有底温加热的插床上。喜光，也耐半阴，忌高温强光环境。生长期多施用磷、钾肥，有利于延长花期和促进果实发育。整形修剪在冬季至早春之间进行。

园林应用 藤茄生性强健，花色独特，非常适合盆栽或花架、拱门、棚架栽植。热带地区可露地栽培，其他地区室内盆栽或地栽。

同属植物 约1400种。常见栽培的藤蔓植物还有：

天堂花 *Solanum wendlandii* f.，常绿藤本，以蔓生茎攀缘，茎多刺。羽状复叶，8～13小叶。伞状圆锥花序，顶生，长达15cm，下垂，小花蓝紫色，浅喇叭形，花期夏季。产哥斯达黎加。

素馨叶白英（番茄藤）*Solanum jasminoides*，常绿或半常绿蔓性藤本。叶窄卵形至披针形，有时3～5深裂。伞状花序，顶生或腋生，小花淡蓝白色，芳香、星状。浆果，卵状，成熟时黑色。花期夏季至秋季。产巴西。

1	
2	3

1. 素馨叶白英
2. ‘花叶’素馨叶白英花序与叶片
3. 南青杞点缀置石

雀梅藤

Sageretia thea

鼠李科雀梅藤属

形态特征 藤状或灌木，小枝具刺，被柔毛。叶对生或近对生，纸质，椭圆形或卵状椭圆形，先端钝，有小尖，基部圆形或近心形，边缘有细锯齿。疏散穗状或圆锥状花序，花小，黄色，芳香。核果近球形，成熟时紫黑色，酸甜可食。花期7～11月，果熟期翌年3～5月。

产地习性 原产于华中、华南及西南等地，多生于海拔2100m以下丘陵、山地林下、林缘、山路沟边或灌丛中。喜温暖湿润气候，对土壤要求不严，可生于酸性土或中性土上，萌芽力强，耐修剪。耐瘠薄、较耐干旱，喜光亦耐半阴环境。南方多栽培，常用作绿篱，野生老桩制作盆景。

繁殖栽培 播种或扦插繁殖。种子无休眠习性，采后洗净去皮，阴干后即播，播后10天左右即可出苗。充分成熟的褐色种子发芽率可达97%。移栽分苗以萌芽前为好，小苗裸根，大苗需带土球。扦插繁殖时，选取1年生健壮的枝条作插穗，插穗长为10～15cm，于早春插于苗床。也可用半成熟枝条于梅雨季扦插。

园林应用 雀梅藤花小，但幽香，适用于点缀山石旁，疏林边或山麓沟谷；因植株枝刺密集，较耐修剪，易整形，南方也常用作绿篱；其老根、古枝极为耐修剪，是制作树桩盆景的好材料。叶可代茶，根、叶也可药用。

同属植物 约34种，我国有16种及3变种。常见栽培的还有：

钩刺雀梅藤 *Sageretia hamosa*，常绿藤状灌木，小枝具下弯钩刺。叶革质，长圆形或长椭圆形。穗状圆锥花序，被茸毛或柔毛；花黄绿色，核果球形，成熟时红或紫黑色。花期7～8月，果熟期8～10月。原产于我国华中、华南、西南等地，多生于海拔1600m以下山地、山谷、林缘或疏林中，常攀缘于乔木上。

梗花雀梅藤 *Sageretia henryi*，藤状灌木。叶纸质，长圆形、长椭圆形或卵状椭圆形。花单生或数朵簇生排成疏散总状或圆锥花序，花小，白色。核果近球形，红色。花期7～11月，果熟期翌年3～6月。原产于我国华中、华南等地，多生于海拔400～2500m的山坡林下、灌丛中或阴处岩石缝隙上。

1	2
3	4
5	

1. 钩刺雀梅藤花序
2. 雀梅藤果序
3. 钩刺雀梅藤
4. 雀梅藤花序
5. 雀梅藤园林应用

软枝黄蝉

Allamanda cathartica

夹竹桃科黄蝉属

形态特征　常绿藤状灌木，长达7m，枝条软而弯垂，搭靠在他物上蔓生，有白色乳汁。叶对生或3～5枚轮生，倒卵形、窄倒卵形或长圆形，长6～15cm，宽4～5cm。花冠黄色，漏斗状，长7～14cm，筒长4～8cm，基部不膨大，上部膨大，直径5～7cm，喉部有白色斑点；裂片5枚，平截倒卵形或圆形。蒴果近球形，被长刺，种子黑色。花期春夏两季，果期秋冬季。

产地习性　原产美洲中部和南部地区。喜温暖湿润环境，阳光充足，排水良好，土质要求深厚、肥沃、疏松、腐殖质丰富、土壤湿润的环境生长良好。世界各地尤其是在热带地区广为栽培，我国广东、广西、云南、贵州、福建、台湾等地有栽培。

繁殖栽培　以扦插繁殖为主，春末夏初选取1年生充实枝条，扦插于有地温加热的基质中，在24～26℃条件下，约20天生根。播种繁殖需在春季进行，种子在18～20℃的条件下容易发芽。软枝黄蝉生长季节需要有充足的肥水供应才能使植株旺盛生长并花朵繁茂。不耐寒，冬季要求在7～10℃以上的环境越冬。冬末春初进行修剪，将植株在距地面15～20cm处剪除，同时施肥，以促进萌发新枝。重新分栽上盆的植株应在3～4月进行。

园林应用　本种在温暖地区开花期很长，花色亮丽，可作花架、阴棚、篱墙等处的优良绿化材料。也可作为盆栽或屋顶花园材料。

同属植物　同属12种。常见栽培还有：

紫蝉花 *Allamanda blanchetii*，直立或半匍匐藤状灌木，藤蔓长达3m。叶4枚轮生，长椭圆形或倒卵状披针形。花单生于叶腋，长6～9cm，花萼绿色，花冠暗红或淡紫红色，漏斗形。花期6～11月。我国南方热带地区有栽培。

1	2
3	
4	

1. 软枝黄蝉花序
2. 软枝黄蝉蒴果
3. 软枝黄蝉景观
4. 紫蝉花花序

省 藤

Calamus platyacanthoides

[*C. simplicifolius*]

棕榈科省藤属

形态特征 又称单叶省藤。粗壮木质攀缘大藤本，藤茎达10m，茎上密布钩刺。单叶互生，叶片羽状全裂，叶长2～3m，羽片不规则单生或2～3片组成聚生（基生叶），窄披针形或披针形，长36～40cm。雌雄异株，花序穗状。雄花序为三回分枝，长2.5～4.5cm；雌花序为二回分枝，长45～60cm，花小。果实近球形，直径2.5cm，外被有约18纵列的黄色鳞片。果期10～12月。

产地习性 分布于我国海南、广西等亚洲热带地区。多生于山地密林中，攀缘于其他高大乔木上。喜温暖湿润的热带气候，较耐阴，生长适温为20～26℃，喜疏松肥沃、排水良好的沙质壤土。热带地区有引种栽培。

繁殖栽培 播种或扦插繁殖。果实成熟后种子往往后熟，故采种应稍晚于果实成熟期。种子采收后将种子与湿沙混匀，进行沙藏处理，春季气温升至18～24℃时播种。在热带地区，省藤的扦插繁殖几乎可以全年进行，但在雨季扦插繁殖生根更为容易。

园林应用 生长茂盛的省藤，其树形和叶形皆具特色，具有很好的观赏价值，用于热带地区的园林观赏和攀缘绿化都是十分相宜的。亚热带以北地区多做温室栽培。

同属植物 约370种，我国有34种、20变种。常见栽培的藤本还有：

小省藤 *Calamus gracilis*，攀缘藤本，丛生。叶羽状全裂，羽片每3～5成组，不等距排列，披针形或椭圆状披针形。雄花序二回至三回分枝，长约1.1m；雌花序二回分枝，长50～80cm。果卵状椭圆形，鳞片19～21纵裂，鲜时橙红色。花果期5～6月。产海南、云南。藤茎为编织藤器的优质原料。

<table>
<tr><td colspan="2">1</td></tr>
<tr><td rowspan="2">2</td><td>3</td></tr>
<tr><td>4</td></tr>
</table>

1. 省藤自然景观
2. 省藤果序
3. 省藤叶片
4. 小省藤叶片与花序

石　松

Lycopodium japonicum

石松科石松属

形态特征　多年生草本。匍匐茎蔓生，细长横走，二至三回分叉，绿色。叶稀疏。侧枝（营养枝）直立，高达40cm，多回二叉分枝，叶螺旋状排列，密集，披针形或线状披针形，先端有易脱落的芒状长尾；孢子枝从第二、第三年营养枝上长出，远高出营养枝。叶疏生；孢子囊穗长2.5～5cm，有柄，通常2～6个生于孢子枝的上部；孢子叶宽卵形，先端尖，具芒状长尖头，边缘膜质；孢子囊生于孢子叶腋，圆肾形，黄色。7、8月间孢子成熟。

产地习性　分布华东、华中、华南、西南及新疆等地，生于海拔100～3300m林下、灌丛下、草坡、路边或岩石上。喜温暖湿润，耐阴、耐旱，不耐严寒。

繁殖栽培　孢子繁殖或压条繁殖。育苗土可用腐叶土、壤土、河沙按6：2：2的比例混合，蒸汽灭菌后播种孢子，播种后，温度要控制在25℃、空气湿度80%以上，每天光照4小时以上，从播种到出叶需要2～3个月。压条繁殖在生长季节，选择健壮的侧枝进行埋土繁殖。

园林应用　石松叶大扇形，奇特雅致，适宜亚热带地区配置林缘、路旁、坡地及岩石园，具有很高的观赏价值，也可用于盆栽观赏。全草可入药。

同属植物　约10种，我国6种1变型。可引种栽培还有：

藤石松 *Lycopodium casuarinoides*，多年生攀缘草本植物，长可达4m。主茎下部有叶疏生，叶螺旋状排列，卵状披针形至钻形。营养枝柔软，黄绿色，圆柱状，多回不等位二叉分枝；可育枝柔软，红棕色，小枝扁平，多回二叉分枝；孢子囊穗每6～26个一组生于多回二叉分枝的孢子枝顶端，排列成圆锥形，具直立的总柄和小柄，弯曲，红棕色。产于华东、华南、华中及西南大部分地区。可引种栽培观赏，全草可供药用。

1	
2	3
4	5

1. 石松营养枝
2. 石松生境与孢子枝
3. 藤石松自然景观
4. 藤石松营养枝
5. 藤石松孢子枝

藤本蔷薇

Climbing Rose spp. and hybrids

蔷薇科蔷薇属

形态特征 攀缘或蔓延灌木，多数被皮刺，藤茎依靠皮刺搭靠他物蔓生或攀缘。叶互生，奇数羽状复叶，有锯齿。花单生或成伞房状，稀复伞状或圆锥状花序。花瓣（4）5，开展，覆瓦状排列，白、黄、粉红或红。花期春夏季。

产地习性 蔷薇属植物约有200余种，广布于北半球的寒温带。我国蔷薇属资源极为丰富，有90余种，其中有很多攀缘或蔓延植物类型。因品种不同，习性有一定差异，在各地栽培过程中，大部分种（品种 ）喜温暖、湿润环境条件，喜光，较耐寒，怕水涝，对土壤要求不严，喜生于疏松、肥沃、排水良好的微酸性沙质壤土，但在黏重土壤上也能生长良好。部分品种在华北、东北地区不能露地越冬。

繁殖栽培 栽培品种多采用扦插繁殖，野生种多用播种繁殖。嫩枝扦插繁殖在第一次盛花期过后的夏季，剪取充实的枝条进行扦插繁殖；硬枝扦插繁殖在秋末结合冬季防寒修剪进行。枝条扦插在日光大棚或低温温室的插床上，生根后第二年春季移栽。野生种多秋季于冷室播种，次年春季萌发。藤本月季各品种以春季栽植较好，连浇2次透水，生长季节需多次追肥，适时灌水、松土、锄草、防治病虫害。棚架式栽培月季修剪只需疏除内膛枝和细弱病虫枝。篱墙式栽培的藤本月季的修剪需进行两次，第一次在盛花期过后剪去枝条的1/3～1/2，并加强肥水管理，促使新梢生长形成二次开花；另一次在秋末至冬初植株停止生长后进行，剪去枝条的1/2。

园林应用 藤本蔷薇、藤本月季为著名观赏植物，在园林中应用广泛，常栽培供攀缘篱架、护栏、山石和墙垣。

<table>
<tr><td>1</td><td colspan="2">4</td></tr>
<tr><td>2</td><td>5</td><td>6</td></tr>
<tr><td>3</td><td colspan="2">7</td></tr>
</table>

1. 藤本月季在居住小区内美化环境
2. 藤本月季爬满隔离护栏
3. 藤本月季装饰隔离护栏
4. 野蔷薇园林应用
5. 野蔷薇花序
6. 野蔷薇成熟瘦果果序
7. 白玉堂花丛

常见栽培种及品种

藤本月季 *Rosa hybrida*，现代藤本月季多是野生藤本蔷薇与现代月季的杂交后代。这些杂交后代被划分为具有藤蔓习性的现代月季品种群。一般特征是具有攀缘性，枝条具皮刺，叶互生，奇数羽状复叶无规律，花单生或排成伞房花序、圆锥花序，花单瓣或重瓣，花色多样，有些品种具有多次开花的习性。目前世界各地广泛栽培。

野蔷薇 *Rosa multiflora*，攀缘灌木，小枝蔓生，有粗短稍弯曲皮刺。羽状复叶，小叶5～9，倒卵状圆形至矩圆形，边缘具锐锯齿。伞房花序圆锥形，花多数，白色，芳香，蔷薇果球形，红褐色。花期4～6月，果熟期9～10月。产华北至长江流域。其变种有：白玉堂var. *albo-plena*，花白色，芳香，圆锥状伞房花序，花期5～6月；七姊妹var. *carnea*，花重瓣，粉红色，扁平伞房花序，花期5～6月；粉团蔷薇var. *cathayensis*，花单瓣，粉红色。北方园林栽培应用较多。

木香 *Rosa banksiae*，攀缘灌木，高达6m以上，小枝疏生皮刺，羽状复叶，小叶矩圆状卵形或矩圆状披针形。花成伞房花序，花白色或黄色，重瓣至半重瓣，花径1.5～2.5cm，极香，蔷薇果近球形。花期4～5月，果熟期10月。产于我国中部及西南部，生于海拔500～1500m的山谷。华北以南地区可露地越冬，园林应用较多。

复伞房蔷薇 *Rosa brunonii*，攀缘灌木，高达6m，小枝具短而弯曲的皮刺，羽状复叶互生，小叶通常7，复伞房状花序。花瓣白色，宽倒卵形；蔷薇果卵圆形，熟后紫褐色。花期5～6月，果熟期7～11月。产陕西、甘肃南部、四川北部、云南西北部及西藏南部，多生于海拔1500～2600m林下、河谷林缘灌丛中。

金樱子 *Rosa laevigata*，常绿木质藤本，高约5m。小枝有扁平弯皮刺。羽状复叶，椭圆状卵形或披针状卵形。花单生叶腋，白色，直径5～7cm。蔷薇果梨形或倒卵圆形，熟后紫褐色，长2～4cm，密被刺毛。花期4～6月，果熟期7～11月。原产于我国华东、华中、华南等地区，多生于海拔200～1600m向阳山野田边或溪畔灌丛中。南方栽培应用较多。

亮叶月季 *Rosa lucidissima*，常绿或半常绿攀缘灌木。老枝无毛，有基部扁的弯曲皮刺，有时密被刺毛。小叶3，长圆状卵形或长椭圆形，上面深绿，有光泽，下面苍白色。花单生，花瓣紫红色，宽倒卵形，先端微凹。蔷薇果梨形或倒卵圆形，熟时常黑紫色。花期4～6月，果期5～8月。产我国西南地区，生于海拔400～1400m山坡林中或灌丛中。

<table>
<tr><td>1</td><td>2</td><td rowspan="2">5</td><td>10</td><td rowspan="2">12</td></tr>
<tr><td>3</td><td>4</td><td>11</td></tr>
<tr><td colspan="2">6</td><td>7</td><td rowspan="2"></td><td rowspan="2">13</td></tr>
<tr><td colspan="2">8</td><td>9</td></tr>
</table>

1. 七姊妹花序
2. 白玉堂花序
3. 粉团蔷薇
4. 复伞房蔷薇成熟瘦果果序
5. 七姊妹园林应用
6. 七姊妹花篱
7. 粉团蔷薇庭院栽植
8. 木香
9. 木香花序
10. 金樱子瘦果
11. 金樱子花
12. 复伞房蔷薇丛植草坪
13. 复伞房蔷薇花序

沃尔夫藤

Petraeovitex wolfei

马鞭草科沃尔夫藤属

形态特征 常绿蔓生藤本，无毛。茎纤细，4棱，长可达4m。复叶对生，小叶3枚，革质，长椭圆形，先端尾尖。聚伞花序腋生及顶生，组成大型而下垂的圆锥花序，长达60cm；苞片大，叶状，黄色；花萼筒状，黄色，上部深裂；花冠筒状，白色，檐部浅裂，二唇形。在热带地区可全年开花。

产地习性 原产马来半岛和泰国。性喜高温、高湿、半阴的生长环境，不耐低温。越冬的最低温度要求在10℃以上。云南西双版纳植物园有引种栽培。

繁殖栽培 播种或扦插繁殖。播种繁殖时，种子采收后即播。半木质化扦插繁殖需在夏末初秋季节进行；硬枝扦插需在秋末冬初，结合整形修剪进行。

园林应用 本种为稀有热带植物，花色鲜艳、花期长、花形特殊古怪，具有良好观赏价值，适宜热带地区布置藤架或开发成盆栽植物。其他地区只能温室栽培。

	2
1	

1. 沃尔夫藤棚架栽培应用
2. 沃尔夫藤花序

象鼻藤

Dalbergia mimosoides

蝶形花科黄檀属

形态特征 藤本或灌木，高达6m，多分枝，幼枝密被褐色短粗毛。羽状复叶，叶轴、叶柄和小叶柄初时密被柔毛，后渐稀疏；小叶10～17对，线状长圆形，先端截形、钝或凹缺，基部圆或阔楔形，嫩时两面略被褐色柔毛，尤以下面中脉上较密，老时无毛或近无毛。圆锥花序腋生，比复叶短，分枝聚伞花序状，花冠白色或淡黄色。荚果扁平，长圆形至带状，种子肾形，扁平。花期4～5月。

产地习性 分布浙江、江西、湖北、湖南、广西、贵州、四川、云南、西藏、陕西南部及四川南部。生于海拔800～2000m的山沟疏林或山坡灌丛中。喜温暖、湿润气候，半耐阴、不耐严寒。南方偶有引种栽培。

繁殖栽培 播种繁殖。春季播种，播种前用温水浸种，有利于提高种子发芽率。整形修剪在花期后进行。

园林应用 象鼻藤适宜亚热带地区引种应用，配置林缘、路旁、坡地、山石旁及大型棚架攀爬，具有很高的观赏价值。根、树皮入药，具有消炎解毒、抗疟的功能。

同属植物 约100种，我国有28种1变种。可引种栽培的藤本还有：

藤黄檀 *Dalbergia hancei*，木质落叶藤本。枝纤细，幼枝略被柔毛，小枝有时变钩状或旋扭。羽状复叶，小叶3～6对，较小，狭长圆或倒卵状长圆形。圆锥花序腋生，花冠绿白色，芳香。花期4～5月。产华东、华中、华南等地。藤黄檀的桩干屈曲自然，叶片小，耐修剪，是制作盆景的好素材，也是优良的藤蔓植物。

滇黔黄檀 *Dalbergia yunnanensis*，藤本，有时为大灌木或小乔木。茎匍匐状，分枝有时为螺旋钩状。羽状复叶，小叶6～7对，两面被伏贴细柔毛。花冠白色。产我国西南部，生于海拔1400～2200m山地林中。观赏藤本。

1	
2	3
4	5
6	

1. 象鼻藤园林应用
2. 象鼻藤荚果果序
3. 象鼻藤花序
4. 藤黄檀枝蔓与荚果果序
5. 滇黔黄檀小枝与荚果
6. 滇黔黄檀自然景观

小叶红叶藤

Rourea microphylla

牛栓藤科红叶藤属

形态特征 攀缘灌木，多分枝，无毛或幼枝被疏短柔毛，高达4m，幼枝褐色。奇数羽状复叶，小叶通常7～17片，有时多至27片，小叶片坚纸质至近革质，卵形、披针形或长圆披针形，幼叶红褐色，成熟叶绿色。圆锥花序，丛生于叶腋内，长达5cm，花小，芳香，花瓣白色、淡黄色或淡红色。蓇葖果椭圆形或斜卵形，成熟时红色，弯曲或直，顶端急尖，有纵条纹，沿腹缝线开裂，基部有宿存萼片。花期3～9月，果期5月至翌年3月。

产地习性 产福建南部、广东、香港、海南、广西、云南东南部及西部，生于海拔100～600m的山坡或疏林中。喜光，稍耐阴，喜温暖、湿润气候，不耐寒。南方热带地区偶有引种栽培。

繁殖栽培 播种繁殖。春季播种。栽培中，整形修剪应在春季花期后进行，对枝条进行短截和疏剪以刺激萌发新枝条，观赏其火红的枝梢和幼叶。

园林应用 小叶红叶藤枝蔓生长快，幼叶及新梢色泽鲜艳，花期长而芳香，花后还可观果，极具观赏价值，适宜热带地区引种应用，配置林缘、路旁、坡地、山石旁。其他地区只能温室栽培。

	2
1	3

1. 小叶红叶藤蓇葖果果序
2. 小叶红叶藤景观
3. 小叶红叶藤幼枝与嫩叶

星油藤

Plukenetia volubilis

大戟科星油藤属

形态特征　多年生木质藤本植物，长可达3m以上。叶互生，具柄，卵圆形至卵状长圆形，具基出三脉，两面无毛，边缘有锯齿。圆锥花序近似总状，腋生；花单性；雄花多数，生于花序上部，花小，黄白色；雌花1～2朵生于花序下部，花被不明显，花柱粗壮，线形。蒴果星状，具4～6个果瓣，幼时表面光滑、绿色，成熟时茶褐色，每个果瓣内含有1粒种子。花果期几全年。

产地习性　原产南美洲安第斯山脉地区，生于海拔80～1700m的热带雨林中。喜光照充足、温暖、雨量充沛的气候条件，冬季极端低温不低于5℃。在南美洲已被原住民应用了3000年，中国科学院西双版纳热带植物园已成功引种，作为油料作物在云南推广种植，已有相当栽培规模。

繁殖栽培　播种或扦插繁殖。种子无休眠，适宜萌发温度为25～35℃，播种后2周发芽率可达90%以上。扦插繁殖可在春夏季进行，插条2～3周生根。栽培地应选在土层深厚、肥沃、富含有机质的红壤或砖红壤。生长期（3～9月)平均气温在12～30℃，夏季（6～8月）平均气温在18～36℃。星油藤生长迅速，栽培相对容易。

园林应用　星油藤适应性强，种子含油率高达45%～56%，油品质高，作为食用油植物资源适宜在温暖地区进行大量推广种植。

1
2
3

1. 星油藤蒴果
2. 星油藤花序
3. 星油藤景观

羊角拗

Strophanthus divaricatus

夹竹桃科羊角拗属

形态特征 常绿蔓状灌木，高达2m，全株无毛，上部枝条蔓延，具乳汁，皮孔显著。叶对生，薄纸质，椭圆形，侧脉叶缘前网结。聚伞花序顶生，通常着花3朵；花冠漏斗状，花冠筒淡黄色，下部圆筒状，上部渐扩大呈钟状，花冠裂片顶端延长成一长尾带状，长达10cm，裂片内面具由10枚舌状鳞片组成的副花冠，白黄色。蓇葖果广叉开，木质，椭圆状长圆形，长10～15cm。花期3～7月，果期6月至翌年2月。

产地习性 产贵州、云南、广西、广东和福建等地。越南、老挝也有分布。生丘陵山地、路旁疏林中或山坡灌木丛中。喜光，亦耐半阴，耐干旱，对土壤要求不高。南方有栽培。

繁殖栽培 播种或扦插繁殖。播种繁殖在春季进行。扦插繁殖在夏季进行。

园林应用 花奇特美丽，适宜热带及亚热带南缘地区露地栽培，布置于山石旁或用于坡地种植观赏。全株植物含毒。

同属植物 约60种，引种栽培的种类尚有：

旋花羊角拗 *Strophanthus gratus*，粗壮常绿攀缘灌木，全株无毛。叶对生，厚纸质，长圆形，顶端急尖，侧脉两面均扁平。聚伞花序顶生，着花6～8朵，花直径5cm，花冠白色，喉部染红色，花冠裂片倒卵形，顶端不延长成尾状；副花冠为10枚舌状鳞片所组成，红色。花期2月。原产热带非洲，热带地区广为栽培。植株有巨毒。

普氏羊角拗（垂丝金龙藤、摘星花）*Strophanthus preussii*，常绿蔓状灌木。叶对生，薄革质，光滑，椭圆形，侧脉上面凹陷，下面突起。聚伞花序顶生，花多数；花冠黄白色，喉部具紫红色条纹，花冠裂片顶端延长成一丝状长尾，紫红色，长可达30cm。热带地区开花期全年。原产西非刚果等地。该种花瓣裂片尖端特化成细丝状，如少女微卷的秀发，是一造型奇特美丽的新兴观赏植物。

1	3
2	
4	

1. 羊角拗枝条与叶片
2. 羊角拗蓇葖果
3. 普氏羊角拗景观
4. 旋花羊角拗园林应用

鹰爪花

Artabotrys hexapetalus

番荔枝科鹰爪花属

形态特征　攀缘灌木，长达10m。叶长圆形或宽披针形，先端渐尖或尖，基部楔形，上面无毛。花1～2朵生于钩状花序梗上，淡绿色或淡黄色，具芳香。果卵圆形，数个聚生于花托上。花期5～8月，果熟期8～12月。

产地习性　产于浙江、江西、福建、广东、广西、海南、云南、贵州等地。喜高温、高湿的气候条件。忌干旱，较耐水湿，耐庇荫，萌生力强，不耐寒冷，喜生于土壤肥沃的中、酸性黄壤上。在湿润肥沃，排水良好的土壤上生长旺盛。我国南方有引种栽培。

繁殖栽培　播种繁殖。种子易失水，果实采收后，取出种子，洗净阴干，种子含水量应保持在20%左右。储藏时需混湿沙，储藏期一般为3～5个月左右。种子有浅休眠现象。发芽时的日均温度宜在20℃以上。可秋播或沙藏至翌年早春播。实生苗栽培4～6年后开花结实。

园林应用　鹰爪花为常绿攀缘灌木，枝条擅长攀缘，扶摇直上，胜于木通，是亚热带南部、热带地区花架、花廊的良好攀附植物，也可做山石覆盖，点缀林缘。北方做室内栽培。

1	
2	3

1. 鹰爪花枝蔓
2. 鹰爪花果序
3. 鹰爪花钩状花序梗和花

叶子花

Bougainvillea spectabilis

紫茉莉科叶子花属

形态特征 藤状灌木，藤茎达10m，依靠藤茎的搭、靠和枝刺等手段攀缘。枝、叶密生柔毛；刺腋生、下弯。叶片椭圆形或卵形，基部圆形，有柄。花序腋生或顶生；苞片椭圆状卵形，基部圆形至心形，暗红色或淡紫红色；花被管狭筒形，绿色，密被柔毛。花期春季至夏季。栽培品种甚多。

产地习性 原产热带美洲。喜温暖湿润环境，不耐寒。要求阳光充足和富含腐殖质的土壤。适宜pH为6～6.5。越冬最低温度要求在10℃以上。我国各地广泛栽培。

繁殖栽培 扦插繁殖为主。夏季剪取一年生半木质化枝条，长10～15cm，插于沙床中，在21～25℃温度下，20天即可生根。

盆栽土选择排水良好、疏松肥沃的沙质壤土为好。叶子花喜肥，在生长季节（4～10月）每隔10～15天施一次腐熟稀薄肥水，开花前可增施2～3次速效磷，以利花色鲜艳，增加商品价值。花期过后，可适当进行修剪，疏除过密枝、内膛枝和徒长枝，并加强肥水管理，促使再次开花。叶子花应置于全光下栽培，光照不足或在荫蔽环境下则枝条生长细弱，叶色变淡或脱落，常不开花或开花很少。

园林应用 叶子花苞片大而美丽，鲜艳似花，我国南方热带地区广泛用于庭院及大环境绿化，使其攀爬在棚架或大树上，形成优美景观。亚热带以北地区则为优良的盆栽花卉，用于温室展览或布置夏季花坛，有时也可用作切花。

同属植物 约14种。常见栽培的还有：

光叶子花 *Bougainvillea glabra*，藤状灌木，藤茎长达8m。茎粗壮，枝下垂，无毛或疏生柔毛。叶片纸质，卵形或卵状披针形。花顶生枝端的3个苞片内，每个苞片上生1朵花；苞片叶状，紫色或洋红色；花被管淡绿色，疏生柔毛，有棱。花期冬春间，北方温室栽培3～7月开花。原产巴西。我国南方栽植于庭院、公园，北方栽培于温室，是美丽的观赏植物。

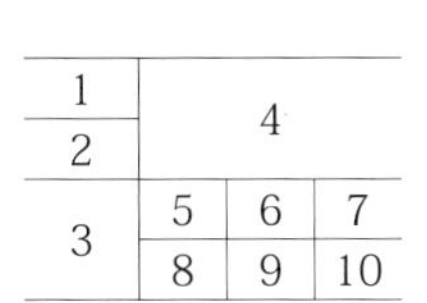

1. 叶子花园林应用
2. 叶子花紫色苞片和花冠
3. 叶子花装饰矮墙
4. 光叶子花爬满墙垣
5、6、7、8、9、10. 各色鲜艳的叶子花苞片和花冠

云 实

Caesalpinia decapetala

云实科云实属

形态特征 落叶攀缘灌木，茎密生倒钩状刺。二回羽状复叶，羽片3～10对，小叶8～12对，对生，长圆形，顶端圆，微凹，基部圆形，微偏斜，表面绿色，背面有白粉。总状花序顶生，具多花，花瓣黄色，膜质，圆形或倒卵形，盛开时反卷。荚果长圆状舌形，具种子6～9粒。花果期4～10月。

产地习性 主要分布于长江流域以南各地，生于山坡岩石旁及灌木丛中，以及平原、丘陵、河旁等。喜光，喜湿润、排水良好的土壤，半耐寒，可耐0℃以上低温。我国南方平原地区常栽培作绿篱。

繁殖栽培 播种或扦插繁殖。春季播种，种子适宜发芽温度为13～18℃，播种前用温水浸种24小时，播后约3～4周种子发芽。扦插繁殖在夏季进行，剪取半木质化充实的枝条进行扦插。云实适应性强，在全光或半阴条件下均可生长，对土壤要求不严，但以疏松、排水良好的土壤最好。每年的整形修剪在春季的盛花期过后立即进行，以轻度修剪为主，并剪除残花枝条、病弱枝条。

园林应用 云实为攀缘落叶灌木，藤蟠曲有刺，花果期长，花多色艳，适应于长江流域及其以南地区的篱垣、护栏、花架等处栽培应用，形成春花繁盛、夏果低垂的自然野趣。

<table>
<tr><td rowspan="2">1</td><td colspan="2">3</td></tr>
<tr><td rowspan="2">4</td><td>5</td></tr>
<tr><td rowspan="2">2</td><td>6</td></tr>
<tr><td colspan="2">7</td></tr>
</table>

1. 云实花序
2. 华南云实
3. 喙荚云实自然景观
4. 喙荚云实花序
5. 云实花
6. 喙荚云实果序和荚果
7. 鸡嘴簕自然景观

同属植物 约100种，我国17种。引种栽培的有：

喙荚云实 *Caesalpinia minax*，木质藤本，各部被短柔毛，有钩刺。二回羽状复叶，羽片5～8对，小叶6～12对，对生，长圆形。总状或圆锥花序顶生，多花，花瓣白色，有紫色斑点。荚果长圆形，先端圆，有喙。花期4～5月，果期7～9月。产广东、广西、云南、贵州、四川。广东、福建有引种栽培。

华南云实 *Caesalpinia crista*，木质藤本，藤茎达10m以上，有少数倒钩刺。二回羽状复叶，羽片2～3对，小叶4～6对，对生，革质，卵形或椭圆形。总状花序复排列成顶生、疏松的大型圆锥花序，花芳香，花瓣5，其中4片黄色，上面一片较小，具红色斑纹。荚果斜阔卵形，先端有喙。花期4～7月；果期7～12月。产我国华南及西南地区，生于海拔400～1500m的山地林中。南方有少量引种栽培。

鸡嘴簕 *Caesalpinia sinensis*，藤本；主干和小枝具分散、粗大的倒钩刺。二回羽状复叶，羽片2～3对，小叶2对，革质，长圆形至卵形。圆锥花序腋生或顶生，花黄色。荚果革质，近圆形或半圆形。花期4～5月；果期7～8月。产广东、广西、云南、贵州、四川和湖北。生于灌木丛中。南方有少量引种栽培。

紫玉盘

Uvaria macrophylla

番荔枝科紫玉盘属

形态特征 直立或攀缘灌木，长达18m；全株被星状毛，老近无毛。叶互生，革质，长倒卵形或长椭圆形。花1～2朵与叶对生，暗紫色或淡红褐色。果球形或卵圆形，暗紫褐色，顶端具尖头。花期3～8月，果熟期7月至翌年3月。

产地习性 产云南、广东、广西、香港、海南及台湾等地。生于海拔400～1350m山地灌丛中或疏林中。喜高温、高湿的气候条件。忌干旱，不耐低温，喜生于土壤肥沃的中、酸性土壤上。在湿润肥沃、排水良好的土壤上生长旺盛。我国南方热带地区有栽培。

繁殖栽培 播种繁殖为主，在果实的成熟期，采集成熟的果实，采后在室内堆沤数日，将果肉去除，置于水中反复搓揉，淘去果皮等杂质即得种子。可秋播或沙藏至翌年早春播，可条播或撒播，播种后约1个月小苗出齐。移栽时剪除过长的枝蔓，栽后及时浇水。并及时搭设支架。移栽以春季移栽为主，也可行秋季移栽。

园林应用 紫玉盘花大、色艳、花期长，为热带地区优良的大型攀缘植物，适用于花架、花廊等处大的立体绿化，亦可植于林缘、岩石旁。

同属植物 约150种。引种栽培的还有：

大花紫玉盘 *Uvaria grandiflora*，攀缘灌木，长达5m，全株密被黄褐色星状柔毛或茸毛。叶互生，长圆状倒卵形。花大，单朵与叶对生，紫红或深红色。果圆柱状。花期3～11月，果熟期5～12月。产广东、广西、香港、海南。生于海拔400～1000m山地灌丛中或疏林中。印度及东南亚也有分布。

<table>
<tr><td>1</td><td rowspan="2">4</td><td rowspan="3">6</td></tr>
<tr><td>2</td></tr>
<tr><td>3</td><td>5</td></tr>
</table>

1. 紫玉盘花
2. 紫玉盘果序
3. 紫玉盘枝蔓与叶片
4. 大花紫玉盘幼枝与叶片
5. 大花紫玉盘花
6. 大花紫玉盘花果序

猪腰豆

Whitfordiodendron filipes

蝶形花科猪腰豆属

形态特征 大型攀缘灌木；长可达20m。羽状复叶互生，长25～35cm；小叶8～9对，近对生，纸质，长圆形，全缘。总状花序，先花后叶，长8～15cm，数枝聚集成大型的复合花序；花冠堇青色至淡红色。荚果大型，纺锤状长圆形，长达17cm。种子通常1粒，猪肾状，长达8cm。花期7～8月，果期9～11月。

产地习性 产广西、云南，自然生于海拔250～1300m的山谷疏林中。喜光照充足、温暖、湿润的气候环境。云南西双版纳植物园有引种栽培。

繁殖栽培 播种繁殖在秋季进行。

园林应用 本种在植株外形上近似紫藤，可作为热带地区良好的大型藤架植物栽培。

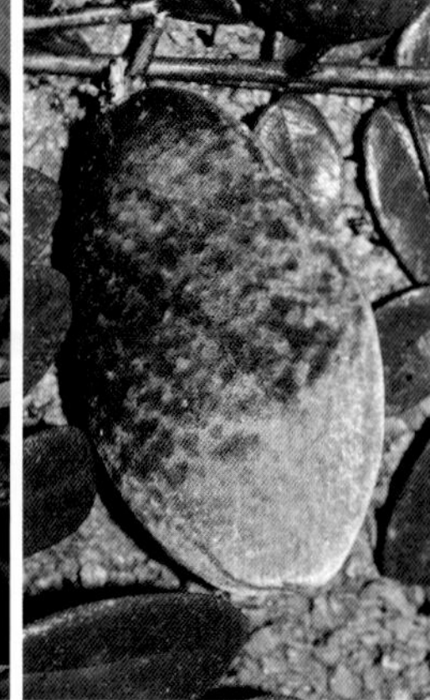

1	
2	
3	4

1. 猪腰豆
2. 猪腰豆园林应用
3. 猪腰豆花序
4. 猪腰豆荚果

参考文献 References

〔1〕宋永昌. 攀援植物的运动和习性(达尔文进化论全集第八卷［M］. 北京：科学出版社，1998.
〔2〕付立国，陈潭清，郎楷永，等主编. 中国高等植物第3-13卷［M］. 青岛：青岛出版社，1999－2009.
〔3〕李同水. 藤本皇后铁线莲［M］. 长春：吉林科学技术出版社，2012.
〔4〕陈恒彬，张凤金，阮志平，陈荣生.观赏藤本植物［M］. 武汉：华中科技大学出版社，2012.
〔5〕董保华，龙雅宜. 园林绿化植物的选择与栽培［M］. 北京：中国建筑工业出版社，2007.
〔6〕卢思聪，卢炜，朱崇胜，何增明. 室内观赏植物装饰养护欣赏［M］. 北京：中国林业出版社，2001.
〔7〕杨子琦，曹华国. 园林植物病虫害防治图鉴［M］. 北京：中国林业出版社，2002.
〔8〕熊济华，唐岱. 藤蔓花卉［M］. 北京：中国林业出版社，2000.
〔9〕Brickell C.The royal horticultural society A–Z encyclopedia of garden plants［M］. covent garden books. 1999.
〔10〕Dirr M A, Manual of woody landscape plants［M］. Library of congress cataloging in publication data.1998.
〔11〕Bailey L H, Bailey E Z. Hortus Third［M］. Cornell university. 1976.
〔12〕Beckett K A. Climbing Plants［M］. Timber press.1983.
〔13〕Everett T H. The Newyork botanical garden illustrated encyclopedia of horticulture. Vol.1–10［M］Garland publishin inc. 1981.
〔14〕Sparrow J, Hanly G. Subtropical plants A Practical Gardening Guide［M］.Timber Press, Inc. 2002.

中文名称索引

Z

拉丁学名索引

A

B

C